Luftgekühlte Wagenmotoren

von

Dr.-Ing. Alfred Haesner

Sonderabdruck aus dem Automobiltechnischen Handbuch
16. Auflage

Herausgegeben von Ing. Richard Bussien

Technischer Verlag Herbert Cram · Berlin W 35

Luftgekühlte Wagenmotoren.

Von Dr.-Ing. Alfred Haesner, Zittau i. Sa.

A. Aufgaben der Kühlung.

Der verkehrstechnische Fortschritt im Kraftfahrzeugbau setzt die Steigerung des Gebrauchswertes der Motoren im Sinne verbesserter Leistung, Wirtschaftlichkeit und Betriebssicherheit voraus. Diese Betriebseigenschaften stehen miteinander in engem Zusammenhang. Auf wärmetechnischem Gebiet besteht der Weg zur Vervollkommnung der Motoren in der Verbesserung der Energieumwandlung und in der sorgfältigen gegenseitigen Abstimmung der dafür maßgebenden Faktoren, nämlich

der Gemischbildung (Mischungsverhältnis, Vorwärmung, Gemischverteilung, Füllungsgrad),

des Verbrennungsablaufs (Verdichtung, Wirbelung, Brennraumform, Zündzeitpunkt, Brenngeschwindigkeit, Druckverlauf),

der Wärmeabfuhr (Kühlung).

Die Kühlung spielt dabei eine überragende Rolle, denn die Grenzen der Belastbarkeit werden bei mechanisch einwandfreier Durchbildung des Motors durch die Wärmebeanspruchung der den Verbrennungsgasen ausgesetzten Wandflächen gezogen. Je besser die Kühlung die durch bauliche Unvollkommenheiten aller Art bedingte Verschiedenheit der Wandtemperaturen auszugleichen und vor allem die nur mittelbar gekühlten Flächen (Kolben, Auslaßventile, Zündkerzen) thermisch zu entlasten vermag, um so mehr kann der gesamte Wärmezustand des Motors gehoben und seine Leistungsfähigkeit gesteigert werden. Umgekehrt zwingt ein wegen schlecht gekühlter Brennraumwände überhitztes Auslaßventil oder ein unzweckmäßig gestalteter, überhitzter Kolbenboden zur Herabsetzung der Verbrennungstemperatur durch Verminderung der Füllung oder der Verdichtung. Dies führt im allgemeinen an vorher normal gekühlten Wandungsteilen zu Überkühlung und weiterhin zu übermäßigem Kraftstoffverbrauch, Einbuße an Leistung und unverhältnismäßig hohem Aufwand für die Kühlung selbst.

Die wirksamsten konstruktiven Maßnahmen für den Temperaturausgleich sind aber wertlos, wenn die Kühlung im ganzen unzureichend bemessen ist, so daß die Betriebstemperatur der Zylinder schon bei normaler Motorbelastung bis zur Überhitzungsgrenze steigt. Maßgebend für den erforderlichen Kühlungsaufwand ist der Wirkungsgrad des Arbeitsprozesses. Unwirtschaftliche Energieumwandlung beeinträchtigt die Betriebssicherheit, weil die überschüssige Wärmemenge, die im Motor nicht in Arbeit umgesetzt werden kann, sondern teils mit den Abgasen abgestoßen, teils durch die Kühlung entfernt werden muß, mit abnehmendem thermischen Wirkungsgrad wächst. In welchem Umfang der Wirkungsgrad die Voraussetzungen für eine ausreichende Wärmeabfuhr verändert, geht aus einem von Pye[1]) angeführten, einfachen Beispiel hervor, in dem 2 Maschinen von gleicher Größe bei zunächst gleichgroßer zugeführter Kraftstoffmenge unter Annahme verschiedener Nutzwirkungsgrade von 20% bzw. 30% miteinander verglichen werden. Der Motor mit $\eta_e = 30\%$ hat eine 1,5 mal so große Leistung wie der andere Motor. Seine Verlustwärme als Anteil der zugeführten Wärmemenge beträgt aber nur 70% gegenüber 80% im anderen Fall. Wird dieser Motor unter Drosselung der Kraftstoffzufuhr bei entsprechend grö-

[1]) D. R. Pye: „Die Brennkraftmaschine", Verlag J. Springer, Berlin 1933, Abschnitt 61.

ßerer Vorzündung mit $^2/_3$ seiner Höchstleistung betrieben, was der Vollleistung des anderen Motors entspricht, so bleibt sein Wirkungsgrad, wie aus dem späteren Bild 10 hervorgeht, praktisch unverändert. Überschlägig ergibt sich daher, daß die durch Kühlung und mit den Abgasen abzuführende Wärmemenge bei der besseren Maschine nur $^2/_3 \times ^7/_8 \approx 0{,}6$ mal so groß ist wie im Falle des schlechteren Wirkungsgrades, wenn beide Motoren die gleiche Leistung hergeben.

Für die Höhe der Überhitzungstemperatur gibt es keine feste Grenze, denn sie ist eine Frage der baulichen Gestaltung des Motors, insbesondere der Baustoff-Eigenschaften. Grundsätzlich ist ein wirtschaftlicher Betrieb nur mit einer wärmetechnisch hochwertigen Motorbauart möglich, denn eine gute Kraftstoffausnutzung läßt sich nur bei möglichst vollkommener Verbrennung sowie bei großem Temperaturgefälle und Ausdehnungsgrad der Verbrennungsgase, d. h. bei einer hohen Verbrennungstemperatur erzielen. Hierzu ist ein möglichst hohes Verdichtungsverhältnis erforderlich.

Das größte anwendbare Verdichtungsverhältnis als maßgebende Einflußgröße der Leistung und des Wirkungsgrades ist aber bei Otto-Motoren durch die Klopfneigung des Kraftstoffes im Zylinder begrenzt. Der Klopfvorgang besteht der bekannten Deutung zufolge in einer bei zu hoher Betriebstemperatur eintretenden Steigerung der Brenngeschwindigkeit, in deren Verlauf der noch unverbrannte Ladungsteil bis zur vorzeitigen Detonation verdichtet wird. Das schlagartige Abbrennen bringt durch den sprunghaften Druck- und Temperaturanstieg zusätzliche thermische und mechanische Beanspruchungen des Motors und seines Triebwerks mit sich, die schließlich zu Leistungsabfall und Betriebsschäden führen.

Wann das Klopfen oder Klingeln auftritt, hängt hauptsächlich von Art und Oktanwert des Kraftstoffes ab, im übrigen aber auch von Druck, Temperatur und vor allem vom Restgasanteil der Ladung im Brennraum, also von dem durch Gemischbildung und Verdichtung herbeigeführten Zustand vor der Entzündung[15]). Infolgedessen wird der Klopfvorgang (allerdings ohne allgemein festlegbare Beziehung zwischen Selbstzündungsgrenze und Verdichtungsgrad) durch die baulichen Merkmale des Motors mitbestimmt und namentlich im Bereich des größten Mitteldrucks, d. h. im Gebiet der unteren oder mittleren Drehzahlen und bei voll geöffneter Drossel (Vollast) ausgelöst.

Unter den verschiedenen Mitteln zum Hinausschieben der Klopfgrenze steht die Kühlung neben den Maßnahmen, die der guten Durchwirbelung des Gemisches mit dem Restgas zur Verlangsamung der Verbrennung dienen (Brennraumform), wiederum an vorderer Stelle. Inwieweit nämlich ein Motor dauernd dicht unterhalb der Klopfgrenze betrieben werden kann, ist auch hier vor allen Dingen eine Frage ausreichender Wärmeabfuhr aus den besonders wärmebeanspruchten Teilen: Kolben, Auslaßventil und Zündkerze. Die Temperatur dieser Teile verändert sich aber außerdem durch das Verdichtungsverhältnis selbst und steht somit auch indirekt unter dem Einfluß der Kühlung.

In Bild 1 sind die Temperaturänderungen auf Grund einer amerikanischen Untersuchung über den Klopfvorgang[2]) in Abhängigkeit vom Verdichtungsverhältnis zusammengestellt. Die in den ebenfalls aufgezeichneten Leistungs- und Verbrauchskurven zum Ausdruck kommende Verbesserung des Wirkungsgrades bei steigendem Verdichtungsverhältnis bewirkt durch den Rückgang des Abwärmeanteils im Sinne des erwähnten Beispiels eine beträchtliche Abnahme der hohen Auslaßtemperatur. Dabei geht die Kolbentemperatur infolge der zunehmenden Verbrennungstemperatur in etwa gleichem Grade in die Höhe. Da die höchste Betriebstemperatur des Motors von der raschen Fortleitung der Wärme aus den unmittelbar gekühlten Wandungen, die den mittelbar gekühlten Flächen benachbart sind und deren

---

[2]) Neil MacCoull: „Power Loss Accompanying Detonation", SAE-Journal, April 1939

Kühlung bewerkstelligen, entscheidend abhängt [3]), ergibt sich mit zunehmendem Verdichtungsverhältnis ein vermehrter Kühlungsbedarf des Laufzylinders und ein verminderter Bedarf für die Auslaßkühlung. Daß außerdem die Kühlung der Zündkerze mit höheren Verbrennungstemperaturen ebenfalls zunehmende Bedeutung erlangt, zeigt sich in Bild 1 an dem stark ansteigenden Temperaturverlauf und versteht sich von selbst. Die Auswirkung des besseren Wirkungsgrades durch hohe Verdichtung ist demnach auf die relative Wärmeabfuhr durch die Kühlung weniger günstig als auf die Wärmeabfuhr durch das Abgas, eine Tatsache, die z. B. bei der Kühlung von Dieselmotoren merklich in Erscheinung tritt.

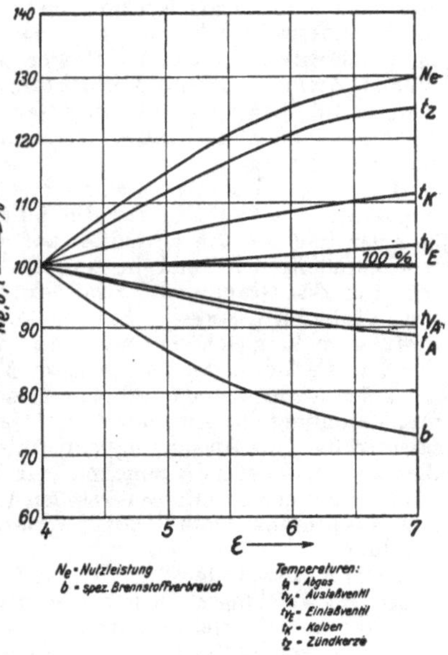

Bild 1. Einfluß des Verdichtungsverhältnisses auf Leistung, Brennstoffverbrauch und Spitzentemperaturen im Zylinder bei optimaler Zündeinstellung

Mit den beschriebenen Zusammenhängen sind die Aufgaben der Kühlung umrissen. Zusammenfassend erkennt man, daß die Kühlung nicht nur schlechthin den unvermeidlichen Wärmeüberschuß aus dem Zylinder zu beseitigen, sondern gleichzeitig unter Ausnutzung der wechselseitigen thermodynamischen Einflüsse die Voraussetzungen für einen möglichst hohen Wirkungsgrad der Energieumwandlung zu schaffen hat. Erst dadurch, daß der Wärmeverlust zugunsten von Leistung, Betriebsstoffverbrauch und Kühlungsaufwand mit Hilfe geeigneter baulicher Mittel klein gehalten werden kann, wird der Arbeitsvorgang bei den heutigen Anforderungen an die Leistungsfähigkeit des Fahrzeugmotors thermisch einwandfrei beherrschbar.

B. Entwicklungsstand der Luftkühlung.

Die Ableitung der überschüssigen Verbrennungswärme aus dem Zylinder an die Außenluft kann entweder unmittelbar oder mit Hilfe von Wasser als Zwischenkühlmittel erfolgen. Für den Wärmeaustausch mit der Luft ist in beiden Fällen eine genügend große Kühlfläche erforderlich.

Bei der Wasserkühlung geht die Wärmeabfuhr an die Luft in einer vom Motor getrennten Kühlanlage vor sich, die man mit einer ziemlich beliebig großen Kühlfläche versehen kann. Dadurch wird eine Reihe schwieriger Fragen über die Ausbildung und Unterbringung der Kühlfläche und über die Kühlluftführung am Motor ausgeschaltet und auf die besondere Rückkühl-Einrichtung für das Wasser verlagert. Insofern stellt die Wasserkühlung die für den Motorenbauer bequemere und zunächst sicherere Lösung dar.

Bei der Gestaltung luftgekühlter Motoren treten dagegen mannigfache Unsicherheitsfaktoren auf, die z. T. erst auf dem Prüfstand oder sogar erst nach dem Einbau im Fahrzeug geklärt werden können. Will man nicht völlig auf zeitraubende und kostspielige Experimente angewiesen sein, so ist eine äußerst sorgfältige, erfahrungssichere Behandlung aller Einzelfragen, die mit der Wärmeabfuhr in Zusammenhang stehen, vom ersten Entwurf an unerläßlich. Diese Fragen beschränken sich keineswegs ausschließlich

[3]) Gabriel Becker: „Vervollkommnung der Kraftfahrzeugmotoren durch Leichtmetallkolben", Verlag R. Oldenbourg, München und Berlin, 1922.

auf den Kühlflächenbedarf und die Luftführung am Zylinder und Zylinderkopf, sondern erstrecken sich mehr oder weniger auf alle wesentlichen Typenmerkmale wie Bauart und Hubraum, Hubverhältnis und Kolbengeschwindigkeit, Zylinderabstand, Verdichtungsgrad, Temperaturverteilung, Werkstoffauswahl usw. Sie sind daher teilweise einer nachträglichen Korrektur nicht zugänglich und setzen von vornherein große konstruktive Treffsicherheit voraus.

Im Dieselmotorenbau kommt erschwerend hinzu, daß nicht alle Verbrennungsverfahren eine für die Luftkühlung günstige Lage der Brennkammer und der Einspritzdüse aufweisen.

Übermäßige Wärmebelastung ist in den früheren Entwicklungsabschnitten das Grundübel der luftgekühlten Motoren und die Ursache zahlloser Mißerfolge gewesen. Mit wachsendem Zylinderinhalt fiel die Literleistung im Vergleich zum wassergekühlten Motor immer bescheidener aus. Die dem Verfahren zur Last gelegten Mängel waren aber mehr oder weniger die Folge mangelnden Überblicks über die tatsächlich zu erwartende Höhe und Verteilung der Arbeitstemperaturen im Zylinder. Es entstand die Auffassung, daß das Anwendungsgebiet der Luftkühlung bei den Ansprüchen, die man bei der ständig zunehmenden Vervollkommnung der wassergekühlten Motoren berechtigterweise stellen durfte, nur auf sehr kleine Zylindereinheiten beschränkt wäre. Hieraus erklärt sich der Ablauf der bisherigen Entwicklung.

Beim Kraftrad führte der Weg von vornherein geradlinig zu der heutigen hohen Entwicklungsstufe der vom Fahrwind gekühlten Kleinmotoren in Zweitakt- und Viertakt-Bauart.

Demgegenüber ist im Personen- und Lastwagenbau die serienmäßige Herstellung luftgekühlter Motoren bisher nur zögernd und vereinzelt aufgenommen worden. Hier ist die Luftkühlung eine Frage von Sondererfahrungen geblieben, über die heute erst wenige Herstellerwerke verfügen.

In Anbetracht dessen, daß der Wärmefluß im Zylinder und im Kolben mit der Zunahme der Zylindergröße und Wärmeleitwege immer schwieriger beherrschbar wird, ist diese Tatsache verständlich. Sie darf allerdings nicht zu einer Täuschung über den wahren technischen Stand solcher Motoren verleiten. Es ist der planmäßigen Entwicklungsarbeit, die in den letzten 20 bis 25 Jahren im In- und Auslande von einigen Industriefirmen und Forschungsanstalten geleistet worden ist, zu verdanken, daß inzwischen genug Erfahrungen vorhanden sind, um die direkte Luftkühlung bei allen im Fahrzeugbau praktisch vorkommenden Motorbauarten, Hubraumgrößen und Zylinderzahlen erfolgreich anzuwenden. Wohl nicht in den Spitzenwerten, aber in den Durchschnittswerten von Leistung und Wirtschaftlichkeit ist der Entwicklungsvorsprung der wassergekühlten Motoren eingeholt. An Zuverlässigkeit und Ausdauer wird der wassergekühlte Motor sogar übertroffen.

Zu einem beachtlichen Teil stützt sich diese Vervollkommnung auf die zahlreichen Forschungsergebnisse im Flugmotorenbau. Dort hat sich die Luftkühlung am Sternmotor bis zu fast 4 l Zylinderhubraum, bei der Reihenbauart bis zu etwa 2 l Zylinderhubraum in unvorhergesehenem Ausmaß durchgesetzt. Allerdings sprechen hierbei die besonderen Betriebsumstände des Flugmotors in Verbindung mit den vom Fahrzeugbau weitgehend abweichenden Vorbedingungen der Herstellung entscheidend mit. Im ganzen genommen sind die Betriebsbedingungen für die Kühlung am Wagenmotor durch den häufigen Belastungswechsel, durch den wesentlich größeren Drehzahlbereich und durch die Forderung nach langer Lebensdauer schwieriger als am Flugmotor.

Die Schaulinien in Bild 2 fußen auf einer Untersuchung von W. Kamm[4]) und zeigen die Leistungswerte deutscher Fahrzeug-Ottomotoren mit

[4]) Kamm Huber, Schmid: „Betriebsbeanspruchungen und Baugewicht von Fahrzeugmotoren", Kraftfahrtechn. Forschungsarbeiten, Heft 1, VDI-Verlag.

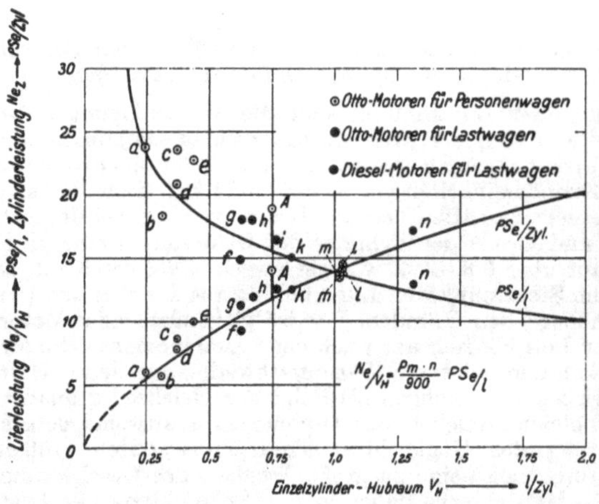

	Type	Abmessungen	Dauerleistung PS	Höchst-Drehzahl U/min
a	Volkswagen	4 - 70/64	23,5	3000
b	Tatra	4 - 73/75	23	3000
c	Tatra	8 - 75/84	70	3600
d	Stoewer	4 - 75/84	31	3100
e	Tatra	4 - 75/99	40	3500
A	Franklin 1931 (Serie 145)	6 - 88,9/120,7	85	3500
f	Phänomen	4 - 85/110	37	2500
g	Krupp	8 - 85/110	90	2600
h	Phänomen	4 - 85/118	48	2800
i	Phänomen	4 - 90/120	50	2600
k	Krupp	4 - 90/130	50	2500
l	Phänomen-Diesel	4 - 95/145	58	2200
m	Krupp-Diesel	4 - 100/130	65	2200
n	Phänomen	Versuchsmotor		

Bild 2. Hubraum-Ausnutzung und Zyl.-Leistung von Wagen-Motoren mit Luftkühlung im Vergleich zu den Kennlinien der Durchschnittswerte deutscher Otto-Motoren mit Wasserkühlung nach dem Entwicklungsstand von 1938.

Wasserkühlung nach dem Entwicklungsstand vor Kriegsausbruch. Sie stellen reine Durchschnittswerte aus einer Vielzahl praktischer Beispiele dar und gelten ohne Rücksicht auf die sehr verschiedenartigen baulichen Merkmale der verglichenen Motoren einheitlich für die obengesteuerte und untengesteuerte Bauart.

Zum Vergleich sind in dieses Schaubild einige Beispiele der Dauerleistung bewährter Wagenmotoren mit Luftkühlung (Volkswagen, Krupp, Phänomen, Tatra, Franklin) eingetragen. Auch hier handelt es sich, wie die Streuung der Vergleichspunkte schon andeutet, um Maschinen völlig verschiedener Bauart.

Die Lage dieser Leistungswerte zu den Kennlinien der wassergekühlten Motoren bestätigt die dargelegte Entwicklungshöhe der Luftkühlung am Wagenmotor. Selbst die beiden luftgekühlten Dieselmotoren (Krupp und Phänomen), die zwar gleichgroßen Hubraum besitzen, aber in der Bauart und im Verbrennungsverfahren grundverschieden sind, liegen dicht beieinander im Bereich der wassergekühlten Motoren gleicher Zylindergröße. Infolgedessen bilden die dargestellten Kennlinien der Untersuchung von Kamm gleichzeitig auch den Maßstab für die mit der Luftkühlung sicher erreichbaren Durchschnittswerte der Literleistung bzw. Zylinderleistung.

Der luftgekühlte Fahrzeugmotor verfügt, wie noch gezeigt wird, über eine Reihe von Gebrauchseigenschaften, die ihm von Haus aus eine gewisse Überlegenheit sichern. Vermöge dieser Eigenschaften erfüllt er namentlich die Ansprüche im Nutzwagenbau, im gewerblichen Transportverkehr und vor allem im Truppengebrauch in hervorragendem Maße.

Beim Lastwagenmotor sind billige Anschaffung und leichte Instandhaltung für den Fahrzeughalter ebenso wichtig wie starke Leistung, wirtschaftlicher Betrieb und lange Lebensdauer. In werkstatt-technischer Hinsicht lassen sich am luftgekühlten Motor mit einzelstehenden Zylindern mancherlei Vorteile des baulichen Aufwandes, der Zugänglichkeit des Triebwerks durch einfache Demontage der Zylinder, des Ventileinschleifens usw. erreichen. Der folgende Abschnitt enthält weitere Unterschiede der luftgekühlten Bauart im Vergleich zur Wasserkühlung. Jedenfalls sind die vorstehenden Forderungen des reinen Lastwagenbetriebes insgesamt nur durch einfache, robuste Bauweise mit großen Zylinderleistungen (10 bis 13 PS/Zyl.), und zwar durch verhältnismäßig große Zylinderabmessungen (über 0,6 l/Zyl.) zu erfüllen. Zur Beschränkung des Verschleißes und der

Triebwerkskräfte im Motor ist gegenüber dem vielzylindrigen Schnellläufer eine entsprechende Herabsetzung der Drehzahl notwendig.

Für die Anwendung der Luftkühlung sind die Vorbedingungen bei kleinen Zylindereinheiten und hoher Drehzahl naturgemäß am günstigsten. Zwar hat sich aus Versuchen ergeben, daß der luftgekühlte Otto-Motor auch mit sehr großen Zylindereinheiten von weit über 1 l/Zyl. noch über sehr beachtenswerte Betriebseigenschaften verfügt. Wenn trotzdem bei der Entscheidung über Zahl und Größe der Zylinder des Otto-Motors eine Hubraum-Vergrößerung auf über 0,8 l-Zyl. weniger zweckmäßig erscheint, so ist dies nicht allein vom Standpunkt der Luftkühlung aus der Fall, sondern noch aus anderen naheliegenden Gründen. Das bei gleichbleibender Motorleistung mit sinkender Betriebsdrehzahl wachsende Drehmoment erfordert die Verwendung starker und schwerer Wagentriebwerke, für deren Haltbarkeit die Ermüdungsbeanspruchungen als Folge der gleichzeitig quadratisch ansteigenden Ungleichförmigkeit des Drehmoments ausschlaggebend sind. Eine Verbesserung des Ungleichförmigkeitsgrades durch größere Schwungradmassen bringt meist eine zu große Trägheit des Geschwindigkeitswechsels mit sich. Man gelangt daher in der Entwicklung der Lastwagenmotoren bei verhältnismäßig kleinen Zylinderzahlen in Verbindung mit einer auskömmlichen Zahl von Getriebeschaltstufen immerhin zu so hohen Drehzahlen, daß sich die Größe der Einzelhubräume in den Grenzen hält, die für die Anwendung der Luftkühlung noch günstig sind. Am gebräuchlichsten sind nach Bild 2 bei den Otto-Motoren für Lastwagen die Größen zwischen 0,6 und 0,8 l-Zyl. sowie Drehzahlen von 2500 U/min und darüber.

Bei den Dieselmotoren ist man allerdings mit der Höchstdrehzahl vom Verbrennungsverfahren abhängig und auf entsprechend verstärkte Wagentriebwerke angewiesen. Die bis jetzt für die luftgekühlte Diesel-Bauart erfolgreich angewandten Hubräume liegen zwischen 0,8 und 1,3 l-Zyl.

Im Personenwagenbau dagegen sucht man die Leistungssteigerung zur Befriedigung der größeren Ansprüche an hohe Fahrleistung, Schnelläufigkeit, Laufruhe und Gewichtsersparnis sowieso mit kleinen Zylindereinheiten und hohen Drehzahlen zu erreichen. In Bild 2 liegen die Einzelhubräume aller deutschen Personenwagenmotoren mit Luftkühlung unter 0,5 Liter, die Drehzahlen zwischen 3000 bis 3500 U/min., die Zylinderleistungen je nach Hubraumgröße zwischen 5 und 10 PS/Zyl. Damit ergeben sich Literleistungen von 18 bis 24 PS/l. Nur der als Außenseiter mit A bezeichnete amerikanische Franklin-Motor nimmt als Personenwagenmotor eine Sonderstellung ein. Dem Einzelhubraum nach liegt er im Feld der Lastwagenmotoren, während seine Drehzahl der für normale Personenwagenmotoren üblichen oberen Grenze entspricht. Es handelt sich um ein Modell von überdurchschnittlicher Leistungsfähigkeit, das in Amerika s. Zt. besonders auf dem Lande ziemlich volkstümlich geworden ist[5]) und noch genauer behandelt werden wird.

Die Verkehrsleistungen, die mit luftgekühlten Kraftwagen in den letzten 10 Jahren erzielt worden sind, vornehmlich aber die damit im Kriegseinsatz gewonnenen Erfahrungen haben die überlegenen Eigenschaften dieses Kühlverfahrens erst genügend zur Geltung zu bringen vermocht. Bei der aktuellen Bedeutung, die die Luftkühlung dadurch erlangt hat, ist eine zunehmende Anwendung im Kraftfahrzeugbau für die Zukunft zu erwarten. Besonders bei den normalen Gebrauchsmotoren ist man nach dem heutigen Stande der Erfahrungen auf die Wasserkühlung nicht mehr angewiesen und beginnt bereits zielbewußt auf luftgekühlte Bauarten überzugehen.

---

[5]) W. B. Stout: „What Motor Cars Can Be", SAE-Journal, Juni 1939.

C. Vergleich zwischen Wasser- und Luftkühlung.

I. Die Kühlanlage.

1. Baulicher Aufwand.

Bei der Beurteilung eines wassergekühlten Motortyps pflegt man den Kühler als ein selbständiges Bauwerk anzusehen und in den Angaben über Einbau-Maße, Motor-Leistungsgewicht, Herstellungskosten usw. unberücksichtigt zu lassen. Dadurch entsteht aber, da der Motor — von der Frischwasserkühlung auf dem Bremsstand abgesehen — ohne den Kühler nicht betriebsfähig ist, über den wirklichen Aufwand für die Antriebsmaschine im Fahrzeug ein falsches Bild. Der Fehler dieser Gewohnheit wird durch den Vergleich mit dem luftgekühlten Motor offensichtlich.

Bekanntlich kommt man am luftgekühlten Wagenmotor ohne ein Kühlluftgebläse nicht aus, denn bei der Fahrt unter Last im hoch übersetzten Schaltgang, besonders in Steigungen steht nicht genügend natürlicher Luftzug für die Umspülung der Zylinder zur Verfügung. Alle luftgekühlten Wagenmotoren besitzen daher ein Gebläse zur Erzeugung der erforderlichen Kühlluftgeschwindigkeit in Abhängigkeit von der Motordrehzahl. Das Gebläse tritt, was den baulichen Aufwand betrifft, zusammen mit der Leitvorrichtung der Kühlluft zu den Zylindern an die Stelle des bei der Wasserkühlung vorhandenen Kühlers samt Pumpe, Wasserleitungen und Ventilator.

Der Raumbedarf des Gebläses im Fahrgestell ist in der Regel geringer als der Raumbedarf des Wasserkühlers nebst Ventilator. In bezug auf Gewicht und Kosten verhält sich das Gebläse ebenfalls erheblich günstiger. Da der Kühler herkömmlicher Bauart mit Rücksicht auf Wärmeaustausch und Korrosionsfestigkeit aus Messingblech besteht, ist vom wehrwirtschaftlichen Standpunkt aus für den luftgekühlten Motor auch die Einsparung von Kupfer und Zinn ein Punkt, der über alle Bedenken hinweg von ausschlaggebender Bedeutung sein kann. Die Verwendung von Eisenblech ist ein Notbehelf und setzt besondere Schutzmaßnahmen zur Erhaltung der Betriebssicherheit voraus.

2. Stationäre Verwendung.

Mit der größeren Einfachheit infolge Fortfall des Wasserkühlers verbindet der luftgekühlte Motor den Vorzug, daß er mit seinem Gebläse eine baulich geschlossene, jederzeit betriebsfähige Einheit bildet. Durch die Unabhängigkeit vom Fahrwind ist er besonders für den ortsfesten Antrieb von Arbeitsmaschinen (Stromerzeuger, Pumpen, Winden, Verdichter usw.) geeignet.

3. Betriebsbereitschaft und Zuverlässigkeit.

Alle Störungen durch Wassermangel und Frostschäden, durch schlechte Schmierung oder Verpackung der Wasserpumpe, durch Rost, undichte Fugen, durch Kalkablagerungen, Verstopfungen, zerstörte Dichtungen usw. sind mit dem Fortfall des flüssigen Kühlmittels beseitigt.

Das luftgekühlte System bedarf keiner Wartung. Es ist unempfindlich gegen Kälte und Hitze sowie gegen leichte Beschädigungen. Man kann daher all die kleinen, oft unzulänglichen Hilfsmittel, ohne die der wassergekühlte Fahrzeugmotor meist nicht auskommt, wie z. B. Kühlerhauben, Jalousien, Thermometer, Gefrierschutzmittel, Heizung des Unterstellraumes, Steinschlaggitter für den Kühler und dgl. entbehren.

Für die Verwendung in kalten und wasserarmen Gegenden, in den Tropen oder auf Hochgebirgsstraßen und besonders beim Einsatz für militärische Zwecke hat daher der luftgekühlte Motor auf Grund seiner Anspruchslosigkeit und Betriebsbereitschaft alle Vorteile auf seiner Seite.

4. Leistungsbedarf.

Das Kühlluftgebläse kann als Druckgebläse oder als Sauggebläse an die Zylinder angeschlossen sein. Bevorzugt wird im allgemeinen die Druckförderung (Anblaskühlung). Mit Rücksicht auf einfache Bauart und auf geräuschlosen Lauf ordnet man das Flügelrad, wenn angängig, unter Verzicht auf eine besondere Übersetzung vorn auf der Kurbelwelle an. Um beim direkten Antrieb mit Motordrehzahl den erforderlichen Staudruck und ausreichende Kühlluftgeschwindigkeit zu erzielen, geht man mit den Abmessungen des Gebläses in diesem Falle so hoch, wie die Einbauverhältnisse im Fahrzeug es erlauben.

Für die Anordnung auf der Kurbelwelle eignet sich nur ein Schleudergebläse. Schraubengebläse gewinnen neuerdings an Bedeutung. Sie haben den Vorteil kleinerer Abmessungen und eines besseren Wirkungsgrades, benötigen aber eine sehr hohe Übersetzung, bei der die Geräuschbildung zur Vorsicht zwingt. Besondere Förderung hat die Entwicklung des axial wirkenden Kühlluftgebläses in jüngerer Zeit durch die Arbeiten des FKFS an der Technischen Hochschule Stuttgart erfahren[34]).

Bei den im Serien-Motorenbau früher ausschließlich üblichen Radialgebläsen ist die Leistungsaufnahme als Anteil der Motorleistung im Gebiet der oberen Drehzahlen je nach dem Kühlluftbedarf und je nach der Laufradgestaltung verschieden groß, und zwar meist größer als die beim wassergekühlten Motor für Pumpe und Ventilator aufzuwendende Leistung. Hierdurch geht die im luftgekühlten Zylinder durch Ausnutzung gewisser thermodynamischer Vorteile erzielbare Verbesserung der Motorhöchstleistung wieder verloren. Die Effektivwerte des wassergekühlten Motors können also im Vergleichsfall nur erreicht werden, wenn die indizierte Leistung des luftgekühlten Motors zum Ausgleich der vom Kühlgebläse verursachten Verschlechterung seines mechanischen Wirkungsgrades von vornherein etwas höher liegt oder wenn es gelingt, den Leistungsbedarf für die Kühlung auf den vergleichsweise zulässigen Betrag herabzudrücken. Andernfalls wird die Nutzleistung und der darauf bezogene spezifische Verbrauch auf dem Prüfstand schlechter ausfallen als im Falle der Wasserkühlung. Soweit es sich um Durchschnittswerte handelt, sind die Schaulinien in Bild 2 als Grundlage der Beurteilung heranziehbar.

II. Einbaufragen.

1. Kühlluftführung im Fahrzeug.

Möglichst ungehinderte Zufuhr der Frischluft und Abfuhr der Warmluft im Fahrzeug sind von entscheidender Bedeutung für die Betriebsergebnisse der Luftkühlung und fallweise sorgfältig zu prüfen. Je kleiner die Wirbelwiderstände und die Luftstauungen, soweit sie unvermeidbar sind, gehalten werden, um so eher ist bei schneller Fahrt ein gewisser Rückgewinn an Gebläse-Antriebsleistung infolge natürlichen Staudrucks (bei vorn liegendem Motor) oder infolge Saugwirkung (bei hinten liegendem Motor) erzielbar.

Bei der wassergekühlten Maschine fallen diese Einbaurücksichten in der Regel weg. Die günstigste Luftgeschwindigkeit im Kühler liegt bei etwa 25 m/sek und ist mitbestimmend für die Kühlerstirnfläche. Durch entsprechende Verkleidung läßt sich aber der Stirnwiderstand des Fahrzeugs günstig beeinflussen.

2. Abdeckung des Motorenraumes.

Mit Hilfe einer geeigneten Anordnung oder Abschirmung muß beim luftgekühlten Motor im Fahrzeug vermieden werden, daß die ausgeblasene Warmluft wieder angesaugt wird. Ferner muß infolge der relativ großen Saugwirkung des Gebläses der Luftzutritt von unten so ausreichend abgedeckt sein, daß der Straußenstaub nicht am frei im Fahrwind hängenden Ölsumpf des Kurbelgehäuses vorbei unter die Motorhaube gelangt. Abgesehen von der äußeren Verschmutzung des Motors kann sich der Staub in den Kühlluftwegen absetzen und Verkrustungen und Verstopfungen, besonders in den engen Zwischenräumen der Zylinderrippen herbeiführen, die die Kühlwirkung beeinträchtigen. Das Gebläse soll aus diesem Grunde die Kühlluft möglichst hoch ansaugen. Dies gilt bekanntlich auch für den Eintritt der Ladeluft in den Luftfilter.

Bei Fahrzeugen mit wassergekühlten Motoren sind dagegen im Motor-Unterschutz mehr oder weniger weite Luftöffnungen für den Austritt des Luftstroms vom Ventilator gebräuchlich, die die Abfuhr der Strahlungswärme des Motors und vor allem die Umspülung des Kurbelgehäuses mit Frischluft unterstützen.

3. Durchlüftung der Motorhaube.

Die Wärmeausstrahlung des luftgekühlten Zylinders ist infolge seiner höheren äußeren Temperaturen größer als die Wärmeausstrahlung des durch den Wassermantel umschlossenen Zylinderblocks. Nach dem Abstellen der heißen Maschine setzt sich im wassergekühlten Motor die Kühlwirkung des Wassermantels von selbst fort. Bei der luftgekühlten Bauart dagegen tritt eine sofortige Unterbrechung des Kühlluftstromes ein. Es kommt infolge Temperaturausgleich innerhalb des Motors eine zusätzliche, kurzzeitige Aufheizung der weniger heißen Teile zustande. Bei stark erhitzten Zylindern, vor allem bei hoher Außentemperatur und bei Motoren mit knapp bemessener oder mit geregelter Kühlung kann diese Aufheizung der vorher gekühlten Teile des Brennraums zu nachträglichen Glühzündungen führen (Nachdieseln des Motors).

Eine kräftige Durchlüftung der Motorhaube ist demnach im Sommer dringend erforderlich, damit sich die ausstrahlende Motorwärme unter der Haube nicht anstaut. Bei genügender Beachtung dieser Forderung geht die

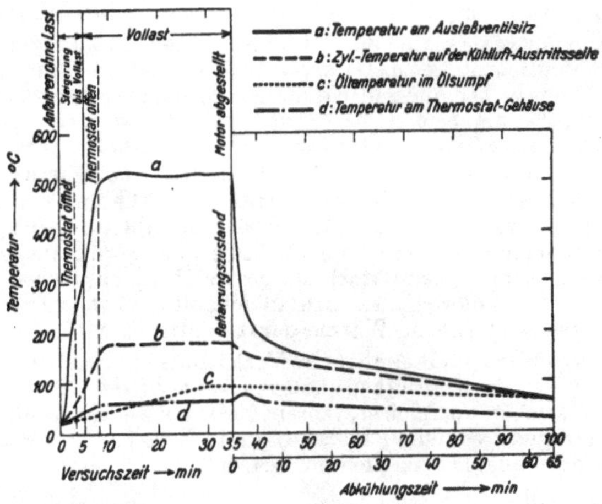

Bild 3. Erwärmungs- und Abkühlungsverlauf an einem luftgekühlten Motor mit querangeblasenen Zylindern und mit thermostatischer Kühlluftregelung

Erwärmung und Abkühlung des Motors etwa nach Bild 3 vor sich. In diesem Bild kommt der geschilderte Temperaturverlauf am abgestellten Motor allerdings nur andeutungsweise in der Kurve *d* als Beispiel für den Anstieg der Strahlungswärme der vorher von der Kühlluft auf niedrigere Betriebstemperatur gekühlten Motorteile zum Ausdruck.

4. Anordnung des Zubehörs.

Hinsichtlich der Anordnung der Hilfsapparate und ihrer Zugänglichkeit nach dem Einbau des Motors im Fahrzeug liegen die Verhältnisse im Falle der Luftkühlung vor allem bei der Reihenbauart mit quergerichtetem Kühlluftstrom weniger einfach als am wassergekühlten Motor, weil auf den ungehinderten Zu- und Abstrom der Luft durch die Zylinderlücken Rücksicht genommen werden muß. Der Platzbedarf der Luftkanäle ist immerhin so groß, daß es einiger Mühe bedarf, die Antriebsverhältnisse und die Verteilung der Hilfsmaschinen zufriedenstellend zu klären. Auf eine zweckmäßige Anordnung des elektrischen Zubehörs (Zündverteiler und Lichtmaschine) an kühler Stelle ist dabei besonders Bedacht zu nehmen. Noch mehr gilt diese Forderung im Hinblick auf die Gefahr der Dampfblasenbildung für die Anbringung der Kraftstoffpumpe nebst Leitung. Auch die Anordnung der Luftreiniger neuerer Bauart erfordert wegen des großen Platzbedarfs gründliche Überlegung.

III. Betriebseigenschaften.

1. Unterschiedliche Einflüsse der Wärmeabfuhr.

Eine eingehende Erörterung der bei der Luftkühlung für die Wärmeübertragung maßgebenden Zusammenhänge erfolgt in Abschnitt D. Für die Gegenüberstellung beider Kühlsysteme in betriebstechnischer Hinsicht genügt folgende allgemeine Betrachtung:

Nach der Grundgleichung

$$Q_K = \alpha \cdot F_K \cdot \Delta t \text{ kcal/h}$$

hängt die von einer beheizten Wandfläche stündlich an das Kühlmittel übergehende Wärmemenge Q_K von 3 Faktoren ab, nämlich

von der Art und dem Bewegungszustand des Kühlmittels, ausgedrückt durch die Wärmeübergangszahl α (in kcal/m² h°C),

von der Größe der Kühlfläche F_K (in m^2),

vom Temperaturgefälle Δt zwischen Kühlfläche und Kühlmittel (in °C).

Die Wärmeübergangszahl (WUZ) nimmt mit der Strömungsgeschwindigkeit des Kühlmittels stark zu. Da das jeweils verfügbare Temperaturgefälle praktisch wenig zu beeinflussen ist, stellen Strömungsgeschwindigkeit und Kühlflächengröße die beiden Mittel dar, mit denen man bei gegebener Art des Kühlmittels (Wasser oder Luft) die Wärmeabfuhr verändern kann.

Der Wärmeübergangswert von Metall an Luft ist sehr niedrig. Auch die Wasserkühlung ist als indirekte Form der Luftkühlung von diesem niedrigen Übergangswert abhängig und benötigt zur Ableitung der vom Kühlwasser aufgenommenen Wärme an die Luft eine zwangläufige Beschleunigung des Luftstroms (Ventilator) und große Übergangsflächen im Kühler. Für den Motor ist es hierbei aber nicht gleichgültig, in welcher Weise die an das Kühlwasser abgegebene Wärme daraus entfernt wird.

An den Zylindern sind nämlich die Verhältnisse je nach der Umspülung mit Wasser oder mit Kühlluft grundlegend verschieden, denn das Wasser nimmt die Wärme in ungleich stärkerem Maße auf als die Kühlluft. Für die Wärmeübertragung von einer Metallwand an Luft bzw. an Wasser gelten folgende Wärmeübergangszahlen in kcal/m²h°C:

für ruhende Luft:	$\alpha_{L_0} = 5$—8
für bewegte Luft	
mit $v_L = 10$ m/s Strömungsgeschwindigkeit:	$\alpha_{L_{10}} = 40$—60
mit $v_L = 20$ m/s ,, :	$\alpha_{L_{20}} = 80$—100
mit $v_L = 50$ m/s ,, :	$\alpha_{L_{50}} = 150$—180
für ruhendes Wasser:	$\alpha_{W_0} = 500$
für bewegtes Wasser mit bis	
zu $v_W = 1$ m/s Strömungsgeschwindigkeit:	$\alpha_W = 1500$—3200
für siedendes Wasser (Wasserdampf):	$\alpha_{WD} = 6100$

Der Wärmeübergang an Luft wird also durch eine Steigerung der Luftgeschwindigkeit von 10 auf 50 m/s, zu deren Erzeugung unabhängig von der Fahrgeschwindigkeit ein Kühlluftgebläse erforderlich ist, etwa verdreifacht. Trotzdem beträgt er nur einen Bruchteil des Wärmeübergangs an Wasser. Zum Ausgleich ist daher am luftgekühlten Zylinder eine entsprechend vergrößerte Kühlfläche anzuordnen.

Man kann annehmen, daß die umspülte Kühlfläche F_{K_W} des wassergekühlten Zylinders etwa die 1,15- bis 1,2-fache Größe seiner inneren Wandfläche F_i aufweist. Das Temperaturgefälle Δt zum Kühlmittel ist am wassergekühlten Zylinder nicht viel mehr als halb so groß wie am luftgekühlten Zylinder. Ganz überschlägig ohne Berücksichtigung der Übertragungsverluste, der Kühlung des Auslaßkanals usw. gerechnet, ergibt sich daher aus

$$\frac{F_{K_L}}{F_i} = \frac{\alpha_W}{\alpha_L} \cdot \frac{F_{K_W}}{F_i} \cdot \frac{\Delta t_W}{\Delta t_L} = \frac{3200}{180} \cdot 1{,}2 \cdot 0{,}5 \approx 11,$$

daß der luftgekühlte Zylinder, sofern er die niedrigen Temperaturverhältnisse des wassergekühlten Zylinders erreichen soll, eine wärmeabgebende äußere Oberfläche F_{K_L} benötigt, die bei der vielfach üblichen Kühlluftgeschwindigkeit von 50 m/s mindestens 11 mal so groß ist wie die wärmeaufnehmende innere Wandfläche F_i. Diese Oberflächenvergrößerung entspricht etwa mittleren praktischen Verhältnissen. Sie muß durch Anordnung von Kühlrippen erzielt werden und bedingt die starke Verschiedenheit der Motoren in baulicher Hinsicht. An den Stellen gesteigerter Wärmebelastung (Brennraum, Auslaß usw.) ist der Kühlflächenbedarf weit höher, weil die Temperaturspitzen vom Luftstrom bei weitem nicht in demselben Maße ausgeglichen werden können wie vom Kühlwasser ($\lambda_L = 0{,}019$ kcal/m h° C; $\lambda_W = 0{,}50$ kcal/m h° C). Bei Zylindern, an denen es nicht gelingt, die erforderliche Kühlfläche unterzubringen, muß entweder ein höherer Temperaturzustand im Vollastbetrieb zugestanden oder die Kühlwirkung durch größere Kühlluftgeschwindigkeit, d. h. durch größere Kühlluftmenge unter Inkaufnahme höherer Gebläseverlustleistung verstärkt werden. Wenn es die Rücksicht auf die Betriebssicherheit gestattet, entscheidet man sich für den erstgenannten Ausweg.

Dem Wesen der beiden Kühlsysteme entsprechend weisen die verglichenen Motoren sehr unterschiedliche Betriebseigenschaften auf, die man je nach dem Betrachtungsstandpunkt (Betriebssicherheit oder Wirtschaftlichkeit) als Vorteile oder als Nachteile ansprechen kann. Im ganzen gesehen ergibt sich für die gleichzeitige Erfüllbarkeit dieser beiden Forderungen eine gewisse Überlegenheit der luftgekühlten Bauart.

a) Betriebssicherheit.

Beim wassergekühlten Zylinder sind die Voraussetzungen für eine hohe Betriebssicherheit durch die innere Verdampfungswärme des Wassers von selbst gegeben. Die Wassertemperatur kann über die Siedegrenze hinaus nicht ansteigen und führt bei diesem Höchstwert zu einer Unterteilung des gesamten Temperaturgefälles zwischen Zylinderwand und Außenluft in nahezu 2 Hälften. Solange der Dampfdruck abgeblasen und das Wasser nicht aus dem Kühler getrieben wird (Expansionsverhältnis 1650:1), ist selbst bei kochendem Kühlwasser kein unmittelbarer Anlaß zu einer Betriebsgefährdung vorhanden.

Demgegenüber steht am luftgekühlten Zylinder als einziger Schutz vor Überhitzung die Wärmeleitfähigkeit des Metalls zur Verfügung, sodaß allein durch konstruktive Mittel ein genügend weiter Abstand der Zylinder- und Kolbentemperatur von der Sicherheitsgrenze erreicht werden muß. Die Schaffung der mindestens 11-fachen Zylinderoberfläche unter Einhaltung ausreichend freier Querschnitte für den Durchgang der Kühlluft durch die Kühlrippen und unter Überwindung der am Mehrzylindermotor bei gegebenem Zylinderabstand auftretenden räumlichen Schwierigkeiten ist die Grundlage aller Gestaltungsmaßnahmen am luftgekühlten Zylinder und Zylinderkopf.

Zwei Gesichtspunkte sind nach Abschnitt A bei der Lösung dieser konstruktiven Aufgabe besonders wichtig: die Vermeidung unzulässig hoher

Temperaturspitzen an den Stellen der größten Wärmeeinwirkung — Auslaßventilsitz, Auslaßstutzen, Zündkerze (Bild 1) — und die möglichst gleichmäßige Verteilung des Wärmeflusses um den runden Zylinder zum Schutz vor Kolbenfressern oder gegen Festbacken der Kolbenringe.

Während man das Kühlwasser verhältnismäßig leicht an solche heißen Stellen heranleiten kann und nur die Bildung von Dampfsäcken in den toten Winkeln des Zylinderkopfes zu vermeiden hat, ist die Anbringung genügend großer Kühlrippen und die Zuführung eines kräftigen Luftstromes für die sichere Wärmeableitung aus den besonders gefährdeten Bereichen nicht immer befriedigend durchführbar. Die im Schatten der Strömungsrichtung liegenden Temperatur-Nester sind außerdem nur einer indirekten Kühlwirkung zugänglich.

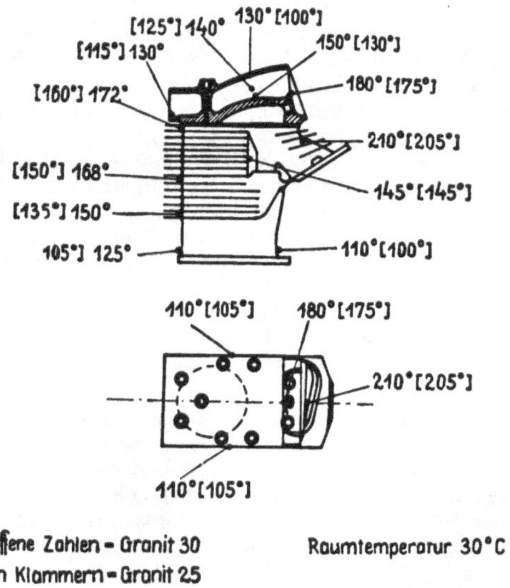

Bild 4. Temperaturverteilung am Zylinder (Grauguß) und Zylinderkopf (Neonalium) der früheren Phänomen-Motoren „Granit 25“ und „Granit 30“

Der Ausgleich hat daher nicht nur durch örtlich vergrößerte Kühlflächen, sondern auch durch entsprechend starke Materialquerschnitte zu erfolgen. Je größer die örtliche Wärmebelastung ist, um so stärker muß die Wandung sein, um die Wärme zu verteilen. Schroffe Temperaturunterschiede begünstigen das Verziehen des Zylinders infolge von Spannungen durch ungleichmäßige Wärmeausdehnung und können die Ursache für undichte Ventile, Lockerung der Ventilsitzringe, Festbrennen der Kolbenringe, verzogene Dichtflächen und ungleichmäßige Abnutzung der Kolbenlaufbahn (schlecht tragende Kolbenschäfte) sein.*)

Mit Rücksicht auf gleichmäßige Temperaturverteilung und Spannungsausgleich verwendet man bei luftgekühlten Motoren bis auf wenige Ausnahmen einzelstehende Zylinder. Dadurch wird gleichzeitig die Herstellung der schwierigen Gußstücke erleichtert. Um bei quergerichtetem Luftstrom die Wandtemperaturen auf der Abströmseite der warmen Kühlluft an die Temperaturen auf der vom kalten Luftstrom angeblasenen Gegenseite durch vermehrte Kühlung anzugleichen, wird nicht selten auch bei den einfachen runden Laufzylindern der obengesteuerten Motoren die Rippenhöhe über den Umfang nach Bedarf variiert. Besondere Erfahrung setzt in

*) Zur Beseitigung von Mängeln dieser Art ist zuweilen mühselige Kleinarbeit bei der Entwicklung neuer Baumuster unvermeidlich.

dieser Beziehung der untengesteuerte Zylinder infolge der unsymmetrischen Anordnung des Brennraumes und der Gaskanäle voraus. Gerade bei dieser Bauart ist aber ein ausreichender Temperatur- und Spannungsausgleich durchaus möglich, wenn die Kanäle auf der Seite des auftreffenden Luftstromes vorgelagert sind und die Kühlrippenhöhe hinter den Gaskanälen (vornehmlich am Auslaß) und auf der Windschattenseite richtig bemessen wird. Das Ergebnis findet man in Bild 4 am Phänomen-Zylinder. Die daran erreichte günstige Temperaturverteilung ist die Voraussetzung für die Anwendbarkeit eines genügend kleinen Kolbenspiels, für befriedigende Abnutzungswerte und für niedrigen Ölverbrauch.

Die schwierigste Stelle, die für mannigfache Störungen verantwortlich zu machen ist, liegt bei allen Bauarten in dem schmalen Verbindungssteg zwischen den Ventilen und beim untengesteuerten Zylinder vor allem auch noch zwischen der Zylinderwand und dem nahen Auslaßkanal. Eine intensive Kühlung dieser Stellen ist von noch größerer Bedeutung als beim wassergekühlten Zylinder, denn man erhält hier ähnlich hohe Vollast-Temperaturen wie etwa in Mitte Kolbenboden. Eine wirksame Unterstützung der Temperaturverteilung ist durch den möglichst starken Wärmeabzug vom Auslaßventil nach dem kalten Einlaßkanal erreichbar (Franklin, Phänomen).

Bei obengesteuerten Motoren (Dieselmotoren), deren Zylinderkopf infolge zu großer Wärmebeanspruchung des Verbindungssteges zu Verwerfungen neigt, kommt man zuweilen mit Ventilsitzringen nicht zurecht. Man verwendet alsdann mit gutem Erfolg eingegossene Al-Bronzebrillen, die durch ihre Materialstärke und durch ihre Leitfähigkeit eine bessere Zerstreuung der Wärme bewirken und bei genügender Verankerung auch unter größter Beanspruchung festbleiben. Dieser Ausweg ist aber teuer und vom Standpunkt des Sparstoff-Verbrauchs nicht gerade empfehlenswert.

Einen anschaulichen Bericht über ihre anfänglich von zahlreichen Mißerfolgen begleitete Entwicklungsarbeit haben die Erbauer des Franklin-Motors veröffentlicht[6]). In diesem Aufsatz sind 8 verschiedene Entwicklungsstufen des obengesteuerten Franklin-Zylinders aus den Jahren bis 1931 ausführlich beschrieben und bildlich dargestellt.

Außerordentliche Vorteile für die Beherrschung der Temperaturen bietet der Übergang auf Leichtmetall. Diese Vorteile liegen aber für den Zylinderkopf nicht so sehr, wie oft angenommen wird, in der absoluten Temperaturverminderung — die nicht besonders groß ist —, sondern eben darin, daß die dreimal größere Leitfähigkeit des Materials örtliche Wärmestauungen durch indirekte Kühlung ausgleicht und auf diesem Wege eine Senkung der mittleren Temperatur herbeiführt. Man verwendet daher für Zylinderköpfe bislang ausnahmslos Leichtmetall-Legierungen mit genügender Warmfestigkeit. Die seit einiger Zeit erfolgte Wiederaufnahme von Versuchen mit Grauguß-Köpfen (wie an Kraftrad-Motoren), geschieht lediglich aus Einsparungsgründen und nicht aus thermodynamischen Erwägungen.

Für den Laufzylinder fällt mit Rücksicht auf die Kolbenschmierung jede auch bescheidene Verbesserung des Temperaturzustandes stark ins Gewicht. Die Versuche, zu einem praktisch brauchbaren, dauerhaften Leichtmetallzylinder mit oder ohne Laufbuchse aus Eisen oder Stahl zu gelangen, sind daher fast so alt wie der luftgekühlte Motor selbst. Die Schwierigkeiten liegen einesteils in den verschieden großen Ausdehnungszahlen von Eisen und Leichtmetall, die die Bindung beider Metalle und den Wärmedurchfluß bei hoher Betriebserwärmung gefährden, andernteils in der Frage der Abnutzung und der Lebensdauer. Sowohl im Kraftradbau (F. & S.-Zylinder mit nach besonderem Verfahren eingegossener Laufbüchse, Ardie-Zylinder in ähnlicher Bauart, engl. Cross-Motor mit Al-Cu-Lauffläche und Kolben-

[6]) E. S. Marks and C. T. Doman: „Development of the Franklin Direct Air-Cooled Engine", SAE-Journal, Februar 1931.

führung durch die Kolbenringe) als auch bei Wagenmotoren haben diese Bestrebungen neuerdings vereinzelte Erfolge aufzuweisen. So ist es z. B. mit Hilfe von dünnen, eingeschrumpften Ni-Resist-Buchsen, die einen sehr geringen Ausdehnungsunterschied gegenüber den Leichtmetallzylindern ergeben, am Franklin-Motor[7]) gelungen, einen festen Sitz der Laufbuchse zur einwandfreien Wärmeübertragung auch bei voller Betriebstemperatur zu erzielen. Die bemerkenswerten Betriebseigenschaften dieses sowohl im Flugzeug als auch im Kraftwagen verwendbaren Motortyps sind ein aufschlußreiches Beispiel der mit der Luftkühlung verbundenen Fortschrittsmöglichkeiten und in Abschnitt F 1 näher erläutert.

Auch bei der Verwendung von Leichtmetall bleibt aber die richtige Bemessung der Materialquerschnitte für den erzielbaren Sicherheitsgrad ebenso wichtig wie die zweckmäßige Anordnung der Kühlrippen und die richtige Kühlluftverteilung. Wie schon genügend betont wurde und wie es vom Kolbenbau her bekannt ist, kann eine zu starke Einschnürung des Wärmeflusses an unrechter Stelle eine unerwartet frühe Grenze der Belastbarkeit des Motors, wenn nicht sogar ernstliche Betriebsmängel hervorrufen.

Zu den in diesem Zusammenhang beachtenswerten Einzelfragen gehört außer dem Auslaßventilsitz z. B. nach Bild 1 die Kühlung der Zündkerze. Es trifft oft zu, daß die Umspülung der Kerze durch die kalte Kühlluft bei günstiger Anordnung bessere Bedingungen schafft als sie am wassergekühlten Motor vorliegen, denn dort ist allein das Kerzengewinde von der Kühlwirkung erreichbar. Trotzdem ist dafür zu sorgen, daß die Wärmeaufnahme der Kerze bei den hohen Temperaturen im Brennraum nicht zu groß und der Abzug der Hitze aus dem Kerzensitz möglichst stark ist. Gerade am dickwandigen luftgekühlten Zylinderkopf aus Leichtmetall kann es nützlich sein, Kerzen mit kleinem Durchmesser (14 mm) und langem Gewindeschaft zu verwenden, zumal dann, wenn bei der Abschirmung der Kerzen durch Entstörkappen die direkte Umspülung des Isolators und des Kerzengehäuses durch die Kühlluft wegfällt. Bei Kerzen, die infolge mangelhafter Kühlung bei Vollast mehr als 800° C erreichen, muß der Wärmewert vergrößert oder der Widerstand gegen Überhitzung unter Umständen künstlich erhöht werden, indem man die Elektroden nicht direkt in den Brennraum hineinragen läßt.

b) Wärmewirtschaftlichkeit.

Bei der Wasserkühlung gibt es, grundsätzlich betrachtet, kein Mittel zur Anpassung der Kühlwirkung an die örtlich verschieden große Wärmebelastung. An der wärmeabgebenden Oberfläche des Zylinders läßt sich praktisch kaum viel ändern. Die durch den Wassermantel geleitete Kühlwassermenge muß so groß sein, daß die heißeste Zone des Verbrennungsraumes bei Vollast thermisch beherrscht wird. Dadurch entstehen an anderen Stellen z. T. unerwünscht niedrige Temperaturfelder. Mit den Worten von Goßlau[8]) ausgedrückt, müssen die Täler der Wärmebelastung überschwemmt werden, um die Gipfel unter das Niveau der erreichbaren Wärmeabfuhr zu bekommen.

Noch wichtiger ist, von der Seite der Wirtschaftlichkeit gesehen, der Umstand, daß für die Abgabe der Kühlwasserwärme im Kühler nur das von der Siedetemperatur begrenzte Temperaturgefälle verfügbar ist, wobei aus allgemeinen Betriebsrücksichten und für die Fahrt im Gebirge bis zu 2500 m Höhe (Siedegrenze 92° C) ein besonderer Sicherheitsabstand vorhanden sein muß. Zahlentafel 1 gibt eine Übersicht über die bei der wassergekühlten Maschine im Fahrbetrieb auftretenden Temperaturen. Danach ist die thermische Dauerbeanspruchung bei Vollast ziemlich niedrig, während sich die angegebenen Höchstwerte auf die Kurzleistung beziehen und für den Dauerbetrieb ausscheiden.

---

[7]) „Franklin Aircooled Aircraft Engine", Aut. Ind., Vol. 78, Nr. 15 v. 9. 4. 1938.

[8]) Dr. Ing. F. Goßlau: Verschiedene Aufsätze: Z. d. VDI, Bd. 69 (1925) und 70 (1926) und Z. F. M. Bd. 18 (1927) und 19 (1928).

Zahlentafel 1: Übliche Arbeitstemperaturen in wassergekühlten Personenwagenmotoren bei 20° C Außenluft-Temperatur und bei verschiedenen Fahrgeschwindigkeiten (SAE-Journal, Band 41, Nr. 2, August 37).

Temperaturen in °C	Fahrgeschwindigkeit in km/h		
	35	65	110
	Teillast	Vollast	Höchstwerte
Verbrennungstemperatur	1800	2200	2500
Innere Zyl.-Wand (oberer Teil)	110	135	190
Innere Zyl.-Wand (unterer Teil)	90	115	150
Kolbenboden-Mitte	160	230	400
Oberste Kolbenringnut	135	190	315
Kolbenschaft	95	120	150
Auslaßventilschaft	160	230	370
Kurbellager	65	100	175
Kühlwasser im Zyl.-Mantel	65	80	95
Öl im Ölsumpf	50	75	125

Die Folge des begrenzten Temperaturgefälles im Kühler ist eine große Empfindlichkeit der Wasserkühlung gegen Temperaturschwankungen der Außenluft[9]). Die Kühlfläche des Kühlers muß für den Sommer bemessen sein und ist naturgemäß für den Winter zu groß. Der Vorteil der hohen Betriebssicherheit, der im Falle der Wasserkühlung durch das Sicherheitsventil der Verdampfungswärme gegeben ist, wird also durch gewisse Schwächen in der Wärmewirtschaftlichkeit erkauft.

Bekannt sind in diesem Zusammenhang die Versuche, den Temperaturzustand des flüssigkeitsgekühlten Motors durch Anwendung der Heißkühlung (Verdampfungskühlung) zu erhöhen, um die Temperaturspanne zu vergrößern und die Leistungs- und Verbrauchswerte im Bereich der verschiedenen Motorbelastungen zu verbessern[10]).

Bei der Anwendung von Glycol und Äthylenglycol statt Wasser hat man zwar den Vorteil einer sehr hohen Siedegrenze und eines tiefen Gefrierpunktes[11]). Die WUZ ist jedoch weitaus kleiner als diejenige des Wassers, sodaß die normale äußere Zylinderoberfläche wassergekühlter Fahrzeugmotoren bei Vollast u. U. dafür ungenügend ist[12]).

Die Anpassungsfähigkeit der Kühlwirkung, die hingegen bei der Luftkühlung mit Hilfe kleinerer oder größerer Kühlrippen am Zylinder in gewissen, baulich und herstellungsmäßig bedingten Grenzen von vornherein vorhanden ist, erlaubt nötigenfalls die nachträgliche Vornahme berichtigender, konstruktiver Eingriffe in eine als unbefriedigend erkannte Temperaturverteilung. Durch einfache Leit- und Abdeckbleche kann überdies der Kühlluftstrom für den örtlichen Bedarf noch auf dem Prüfstand verändert[13]) und z. B. mit Hilfe des Thermocolor-Verfahrens[14]) in seiner Wirksamkeit überprüft werden.

Die mittlere Betriebstemperatur des luftgekühlten Zylinders liegt teils infolge der gewollten Hebung der niedrigen Temperaturfelder, teils infolge der meist ungewollt hohen Temperaturspitzen in der Regel höher als bei der Wasserkühlung.

---

[9]) L. P. Saunders: „Radiator Development and Car Cooling", SAE-Journal, Dezember 1936.

[10]) W. Kamm: „Verbesserung der Wirtschaftlichkeit von Fahrzeugmotoren insbesondere bei Dauerfahrt auf der Reichsautobahn", „Die Straße" (Verlag Volk und Reich, Berlin W 9), Heft 19, 1938.

[11]) „Die Flüssigkeitskühlung von Verbrennungsmotoren", ATZ 1939, Heft 21 vom 10. 11. 39.

[12]) H. Wood: „Liquid-cooled Aero-Engines", SAE-Journal, Juli 1936.

[13]) Kamm, Rieckert, v. Stotzingen, Schopper: „Versuche an einem luftgekühlten Sechszylinder-Motor mit vollständig geschlossener Kühlluftführung", Kraftfahrtechnische Forschungsarbeiten, Heft 4, VDI-Verlag, Berlin 1936.

[14]) F. Penzig: „Die Untersuchung von Temperaturfeldern", ATZ. Jahrgang 42, Heft 2. Januar 1939.

Bild 5 gibt einen Überblick über die am Franklin-Zylinder Baujahr 1931 gemessenen Temperaturwerte einschl. Kolben- und Kühlluftemperatur[6]). Diese Temperaturen gelten für Höchstleistung und werden mit folgenden spezifischen Kühlflächen erzielt:

Zylinderkopf (Al-Guß):	4250 cm²/l Hubraum	bzw.	220 cm²/PS
Laufzylinder (Grauguß):	5000 cm²/l „	„	260 cm²/PS
Ganzer Zylinder:	9250 cm²/l „	„	480 cm²/PS

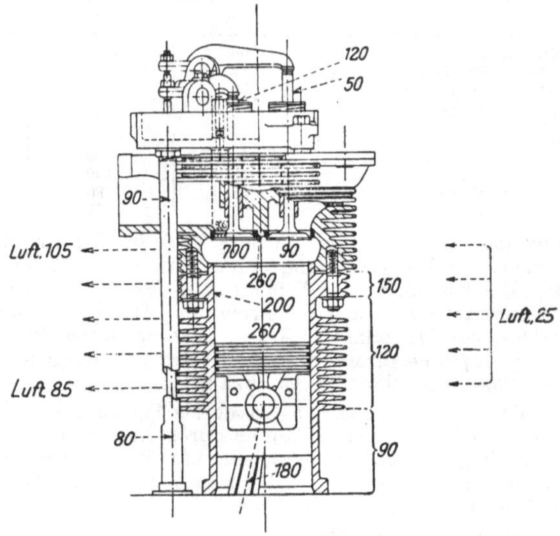

Abmessungen und Leistungswerte nach Zahlentafel 2
Kühlfläche:
am Laufzylinder : 3800 cm² (Grauguß mit 1% Ni)
am Zylinderkopf: 3200 cm² (Aluminium, Y-Leg.)

Bild 5. Franklin-Zylinder 1931; Temperaturverteilung in °C

Am Laufzylinder ist die Kühlfläche bei diesem Beispiel etwa 11 mal so groß wie die Wandfläche des Hubraumes. Für den Zylinderkopf dagegen beläuft sich die Kühlfläche sogar auf den 17-fachen Betrag der Brennraum-Innenfläche, weil vom Auslaßkanal eine beträchtliche zusätzliche Wärmemenge von der Kühlluft abgeführt werden muß. Die Höchsttemperatur von 260° C im Leichtmetall-Zylinderkopf an der kritischen Stelle zwischen den Ventilsitzringen kann als sehr niedrig gelten und kommt bei der gewählten Anblasrichtung durch den Wärmeabzug über einen Steg nach dem Einlaßkanal zustande.

Im allgemeinen geht man jedenfalls mit den Vollast-Betriebstemperaturen so nahe wie möglich an die zulässigen Grenzen. Bei einer Laufflächentemperatur von 180 bis 220° C ist der Abstand zur Überhitzungsgrenze noch ausreichend. Oberhalb 250° C sind jedoch Störungen durch Verkokung des Schmieröls (festsitzende obere Kolbenringe) nicht mehr sicher zu verhindern. Für den Zylinderkopf darf man eine Durchschnittstemperatur von rund 280 bis 300° C noch als zulässig ansehen.

Mit einer solchen Steigerung des Wärmezustandes sind die Voraussetzungen für eine wirtschaftliche Energieumwandlung im luftgekühlten Motor an sich gegeben. Es liegt auf der Hand, daß daraus vor allem auch für den Betrieb im Teillastgebiet günstige Auswirkungen entstehen. Man darf aber nicht übersehen, daß das Zugeständnis der hohen Vollast-Temperaturen, wie schon angedeutet, nicht immer freiwillig erfolgt, sondern den Ausweg darstellt, um in Anbetracht der räumlichen und gießtechnischen Schwierigkeiten, die bei der Unterbringung der notwendigen Kühlrippen-Oberfläche gerade an den gefährdeten Stellen auftreten, die Kühlluftmenge und den Leistungsaufwand für das Gebläse in tragbaren Grenzen zu halten. In manchen Fällen kann man durch die Heraufsetzung des mittleren Temperaturzustandes eine gleichmäßigere Temperaturverteilung erzwingen.

Unter diesen Umständen rücken allerdings die Fragen des höchsten noch anwendbaren Verdichtungsverhältnisses, des Füllungsgrades und der Verwendung von Spezialwerkstoffen höherer Warmfestigkeit mehr und mehr in den Vordergrund. Schon aus diesem Anlaß wäre man nicht in der Lage, die Wandtemperaturen zugunsten einer kleineren Kühlfläche oder Luftmenge beliebig zu steigern, denn man gerät dabei schnell in ein Gebiet stärker absinkenden Mitteldrucks und zunehmend unwirtschaftlichen Verbrauchs, wobei die übermäßig große spezifische Kraftstoffmenge z. T. der inneren Kühlung dient. Bei Überschreitung der angeführten Temperaturgrenzen würde man jedenfalls, ganz abgesehen von den drohenden Laufstörungen des Kolbens, eine Verbesserung von Leistung und Verbrauch nicht mehr erwarten dürfen, weil man infolge der Aufheizung des Gemisches mit zu starkem Abfall des Füllungsgrades zu rechnen hat oder infolge der örtlichen Temperaturspitzeni m Brennraum die Klopfgrenze überschreiten würde. Man wäre wahrscheinlich trotz der verminderten Ladedichte gezwungen, mit dem Verdichtungsgrad, dessen Bedeutung in erster Linie in seiner Beziehung zur Detonation liegt, über das vertretbare Maß zurückzugehen. Die durch die Kühlung gezogene Grenze der Nutzleistung liegt also nicht allein im mechanischen Aufwand für die Kühlluftförderung, sondern auch in den thermodynamischen Verlusten im Zylinder.

Das Verdichtungsverhältnis liegt bei den heutigen luftgekühlten Motoren für handelsübliches Benzin fast durchgängig niedriger ($\varepsilon = 4{,}8$ bis $5{,}8$) als bei wassergekühlten Maschinen hochwertiger Bauart ($\varepsilon = 5{,}4$ bis $6{,}5$). Insbesondere ist die bei den wassergekühlten Motoren in den Vorkriegsjahren bemerkbare Tendenz zu höherer Verdichtung bei den luftgekühlten Motoren aus den genannten Gründen zunächst nicht in Erscheinung getreten. Dies hat insofern wenig zu sagen, als die Verdichtungssteigerung als Mittel zur Leistungssteigerung neben den anderen Verbesserungsmaßnahmen auf dem Gebiet der Gemischbildung, Füllung und Verbrennung nicht von allein ausschlaggebender Bedeutung ist[15]). Im übrigen haben sich die Vorbedingungen bei beiden Kühlverfahren durch die gegensätzlich verlaufende Entwicklung der Kraftstoffe (sinkende Oktanzahlen: in Deutschland OZ 74, im Ausland herunter bis OZ 60) beträchtlich verschlechtert. Die Zukunftsentwicklung wird jedoch wahrscheinlich, ausgehend von der amerikanischen Produktionsrichtung, wieder steigende Klopffestigkeit der Kraftstoffe mit sich bringen.

Was die im Vergleich zur Wasserkühlung bekanntlich weit größere Unempfindlichkeit der Luftkühlung gegen die Schwankungen der Kühllufttemperatur anbetrifft, so ist diese z. T. eine Folge des hier voll ausnutzbaren Temperaturunterschiedes zwischen Zylinderwand und Kühlluft. Beim Wasserkühler hat man oben am Zufluß unter normalen Verhältnissen mit etwa 60 bis 70° C Temperaturdifferenz zur Außenluft zu rechnen. Am luftgekühlten Zylinder dagegen kann dieser Unterschied mehr als doppelt so groß sein, so daß die geographisch und jahreszeitlich bedingten Schwankungen der Kühlluft-Eintrittstemperatur bei gleichbleibender Kühlluftmenge für das verfügbare Temperaturgefälle anteilig weniger ins Gewicht fallen und damit für die Einhaltung eines wirtschaftlichen Betriebes eine ungleich geringere Bedeutung besitzen. Diese Frage wird noch besonders behandelt.

---

[15]) H. J. Venediger: „Betrachtungen über das Verdichtungsverhältnis", ATZ. Jahrg. 42, Heft 2, Januar 1939.

2. Kühlmittel-Regelung.

Der luftgekühlte Motor folgt einer Beeinflussung seines Wärmezustandes durch die wechselnde Belastung im Fahrbetrieb wesentlich schneller als der wassergekühlte Motor, denn dort bringt die Wärmespeicherung im Wasser mantel eine gewisse Trägheit der Temperaturänderung mit sich.

Für das Anfahren des ausgekühlten Motors ist es im Winter einer der bekanntesten Vorzüge der Luftkühlung, daß die volle Betriebswärme der Zylinder schnell erreicht wird. Dieser Vorgang vollzieht sich in bedeutend kürzerer Zeit als selbst bei einem wassergekühlten Motor mit thermostatischer Steuerung des Kühlwasserumlaufs, so daß kein unnötig langes Kaltfahren mit seinen schädlichen Folgen (Verschleiß, Mehrverbrauch, Ölverdünnung durch Kraftstoff, schwache Leistung) eintritt.

In den meisten luftgekühlten Motoren wird auf eine besondere Regelung der Wärmeabfuhr verzichtet. Mit Rücksicht darauf, daß die Abkühlung der Zylinder ebenfalls rasch erfolgt, ist aber eine Regelung der Zylindertemperatur auch am luftgekühlten Motor empfehlenswert, denn sie kürzt die Zeit des Warmlaufens noch weiter ab (Bild 3) und hält die Betriebstemperatur in einem großen Bereich der Belastung angenähert konstant.

Ohne Regeleinrichtung sind die Voraussetzungen für eine gleichmäßige Betriebstemperatur nicht gegeben. Bei schneller Fahrt auf freier, ebener Strecke oder im Gefälle läuft der Motor gedrosselt und mit voller Kühlluftmenge. Die Fördermenge des Gebläses ändert sich aber im Verhältnis der Motordrehzahl. Fällt in einer Steigung die Fahrgeschwindigkeit bzw. die Drehzahl unter Vollgas ab, so wird die Fördermenge trotz größeren Kühlluftbedarfes geringer. Diese Zusammenhänge sind bei beiden Kühlsystemen dieselben.

Bei Motoren mit knapp bemessener Kühlung, die schon bei normaler Belastung dicht unter der Überhitzungsgrenze arbeiten, ist die Fahrt im Drosselzustand bei hoher Drehzahl und mit großer Kühlluftmenge eine willkommene Gelegenheit zur Abkühlung und Erholung. Je mehr aber die Luftkühlung, wie es beim Lastwagenmotor der Fall ist, auf den ausdauernden Vollgasbetrieb zugeschnitten wird, um so eher wird eine Regeleinrichtung zur Verbesserung der Betriebseigenschaften, insbesondere der Wirtschaftlichkeit in den niedrigeren Belastungszuständen beitragen.

Die Praxis verlangt von einer solchen Regeleinrichtung, daß sie mit einfachen baulichen Mitteln auskommt und sehr schnell anspricht. Eine verwickelte Einrichtung führt leicht zu Störungen und kann u. U. mehr schaden als nützen. Die einfachste Form besteht in einer Drosselung der der Kühlluft im Gebläsedruckstutzen nach Maßgabe der Kühlluft-Austrittstemperatur am Zylinder. Ein Beispiel dafür ist die Anordnung am Phänomen-Lastwagenmotor früherer Bauart. Die serienmäßige Ausrüstung dieser Motoren mit einer thermostatischen Regeleinrichtung war eine der Ursachen für ihren ausnehmend niedrigen Brennstoffverbrauch und hat sich besonders auch im städtischen Lieferverkehr mit seinen häufigen Betriebspausen bewährt.

Es liegt in der Eigenart der thermostatischen Regelung, daß die Verstellung des Kühlluft-Querschnittes eine nachträgliche Anpassung an den Sollwert darstellt und dem wechselnden, tatsächlichen Kühlluftbedarf dauernd nachhinkt. Was daher den Thermostaten betrifft, so ist selbstverständlich die Bauart mit der kürzesten Reaktionszeit bei ausreichenden Werten von Hub und Verstellkraft die geeignetste. Große Verstellkraft verlangt einen Thermostaten mit großer Wärmekapazität, bei dem relativ große Material- und Flüssigkeitsmengen erwärmt werden müssen (Pillenthermostate, Federbalgthermostate) und die Reaktionszeit entsprechend länger ist als z. B. bei einem schwachen Bimetall-Thermostaten. Die Wirkungsweise der Regelanlage wird daher durch Maßnahmen, die den Kraftbedarf

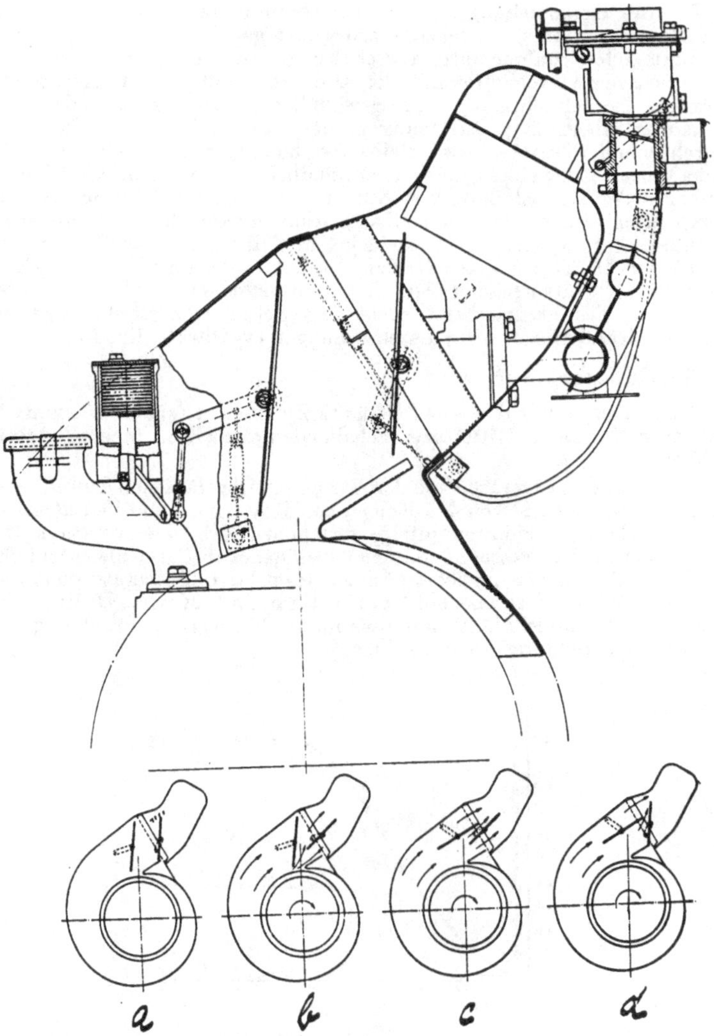

Bild 6. Kühlluft-Regelung am Phänomen-Motor, „Granit 27".

Grenzstellungen der Kühlluftregel-Klappen: a) Vergaser-Drosselklappe zu: Motor kalt und in Ruhe; b) Vergaser-Drosselklappe auf, Motor noch kalt (Anfahren); c) Vergaser-Drosselklappe auf, Motor warm (volle Fahrt); d) Vergaser-Drosselklappe zu, Motor noch warm (Bergfahrt, Leerlauf oder nach dem Abstellen.)

für die Verstellung vermindern (Ausgleich der Regelklappen bei Phänomen), weitgehend beschleunigt.

Außer dieser Anordnung gibt es Ausführungen, die nicht mit korrigierender, sondern mit vorbeugender Wirkung arbeiten. Man findet in der amerikanischen Patentliteratur Vorschläge, bei denen die Anpassung der Kühlluftmenge an den jeweiligen Bedarf nach Maßgabe der Kraftstoffzufuhr,

z. T. unter Heranziehung des Unterdrucks im Saugrohr vor sich geht. Da die Anpassung an die Drehzahl von selbst gegeben ist, erfolgt hier die Steuerung der Kühlung unter Ausschaltung einer mehr oder weniger langen Reaktionszeit zwangläufig mit der Drehzahl- und Belastungsänderung. Für die Berücksichtigung außergewöhnlicher Betriebsumstände (Kalt-Anfahren, übermäßige Erhitzung infolge falscher Zündeinstellung oder durch Schmierölmangel usw.) bleibt aber auch in diesem Fall die zusätzliche Einschaltung eines genügend empfindlichen Thermostaten als Korrekturorgan der Regelstellung von Nutzen, denn die tatsächliche Zylindertemperatur bzw. die in unmittelbarer Abhängigkeit davon veränderliche Kühlluft-Austrittstemperatur ist in jedem Fall der für den Regelvorgang wichtigste Maßstab. Dieser Grundgedanke wurde am Phänomen-Motor „Granit 27“ entsprechend Bild 6 verwirklicht. Die im Bild sichtbare Kapselung des Thermostaten dient dem Schutz vor staubhaltiger und feuchter Kühlluft sowie vor Beschädigungen (vgl. auch Bild 44).

3. Betriebsgeräusche.

Zweifellos besitzt der wassergekühlte Zylinder in seinem Wassermantel ein hervorragendes Mittel zur Schallabdämpfung der inneren Arbeitsgeräusche.

Diese rühren, abgesehen von den Verbrennungsgeräuschen, hauptsächlich von den Ventilen und von den Kolben her. Kolbenspiel und Ventilspiel sind bei luftgekühlten Motoren infolge der hohen Arbeitstemperaturen z. T. größer als in der wassergekühlten Maschine, wobei das kleinstzulässige Kolbenspiel oft durch die hohen Spitzen des polaren Temperaturdiagramms im obersten Zylinderquerschnitt ungünstig beeinflußt wird. Da das Fehlen des Wassermantels die Schallabstrahlung begünstigt, ist eine größere Geräuschentwicklung unvermeidlich.

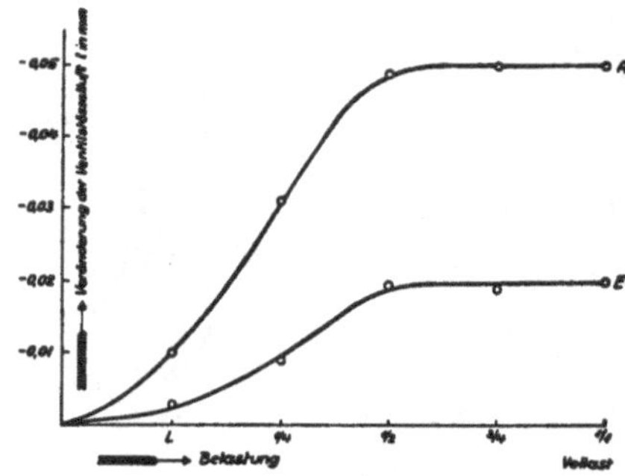

Bild 7. Verringerung des Ventilstössel-Spiels in Abhängigkeit von der Motorbelastung (Phänomen)

In Anbetracht der sehr gesteigerten Ansprüche, die man vom wassergekühlten Motor her an hochwertige Personenwagen bezüglich der Geräuschfreiheit zu stellen gewohnt ist, kann dieser Umstand in gewissem Umfang als hinderlich für die Einführung der luftgekühlten Bauart gelten. Bei Lastwagen allerdings bestehen, wenn man den lauten Gang der Dieselmotoren mit in Betracht zieht, gewiß keine übermäßigen Anforderungen in diesem Punkt.

Sorge des Motorenkonstrukteurs muß es auf jeden Fall sein, alle Mittel zur Geräuschverminderung am luftgekühlten Motor auszunutzen. Soweit es sich nur um den geräuschvollen Gang der Ventile obengesteuerter Motoren handelt, ist man zu wirksamen Abhilfsmaßnahmen in der Lage, indem man eine selbsttätige Ausgleichsvorrichtung des Ventilspiels vorsieht. Eine Veranlassung hierzu kann allein schon aus Gründen der mechanischen Verschlechterung des Ventilantriebes und der damit verbundenen Rückwirkungen auf die Zylinder-Füllung bzw. Leistung durch die ziemlich bedeutende Verschiedenheit der Wärmeausdehnung des Zylinders und der Stoßstangen bestehen (Ventilbeschleunigung, Spiel, Öffnungs- und Schließzeiten.)

Die bekannten Ausführungsarten öl-hydraulisch oder mechanisch wirkender Vorrichtungen lassen sich aber oft auf sehr einfache Weise durch Stoßstangen aus geeignetem Werkstoff mit großem Ausdehnungskoeffizienten ersetzen. Eine Abhilfe gegen die Spielveränderung bei eingeschlagenen Ventilsitzflächen ist damit natürlich nicht verbunden.

Bei untengesteuerten Motoren ist die Frage der Geräuschminderung in der Steuerung ziemlich bedeutungslos, sofern man nur die An- und Ablaufbögen der Nocken sorgfältig genug entwickelt. Bild 7 stellt die Spielveränderung an den Ventilstösseln des Motors Phänomen-„Granit 25“ in Abhängigkeit von der Motorbelastung dar. Mit zunehmender Erwärmung des Motors ergibt sich an diesem Beispiel nicht, wie bei obengesteuerten Motoren mit durch Stoßstangen betätigten Ventilen, eine Vergrößerung, sondern sogar eine Verkleinerung der Stösselluft. Das normale Spiel von 0,25 mm für das Einlaßventil und von 0,3 mm für das Auslaßventil geht bis zur halben Motorbelastung auf 0,23 bzw. 0,25 mm zurück und bleibt dann konstant. Da die Stössel in den Ventilkammern außerdem noch unter Öl stehen, zeigt diese Motorbauart hinsichtlich der Ventilgeräusche keinen auffälligen Unterschied zu einem Motor mit Wasserkühlung.

Mit den angedeuteten Maßnahmen gelingt es verhältnismäßig leicht, das von älteren luftgekühlten Baumustern her unliebsam bekannte Klappern der Ventile und Stössel weitgehend hintanzuhalten. Ebenso einfach lassen sich bis auf die reinen Verbrennungsgeräusche bei genügender Vorsorge während des Entwurfs meist auch die übrigen Geräuschquellen vermeiden oder hinterher beseitigen. Diese hängen hauptsächlich mit der Kühlluftförderung zusammen und betreffen an erster Stelle die Geräuschbildung im Kühlluftgebläse durch zu kleine Anzahl der Laufradschaufeln oder durch falsche Lage der Zunge im Spiralgehäuse des Gebläses.

Bei blechgeformten Luftkanälen und Zylinderverkleidungen können ferner, besonders im Falle ungenügenden Massenausgleichs im Motor, dröhnende Geräusche durch Fortpflanzung der Resonanzschwingungen im kritischen Drehzahlgebiet entstehen. Diesen Geräuscherzeugern gegebenenfalls gründlich nachzuspüren und durch einfache Mittel (Versteifungen der Blechwände, Sicken, Abstandsänderungen, künstliche Vorspannungen, Isolierungen) entgegenzuwirken ist eine Sonderaufgabe während der Erprobung des Motors auf dem Prüfstand und im Fahrzeug.

D. Die wärmetechnischen Grundlagen der Luftkühlung.

Der Wert der üblichen Berechnungsmethoden zur Vorausbestimmung der Kennzahlen eines Motors hängt von der richtigen Einschätzung und Anwendung der aus der laufenden Entwicklung stammenden Erfahrungsgrößen ab. Mit der Übertragung solcher Erfahrungsgrößen auf den Einzelfall kann aber bei der Vielzahl der Einflüsse aller Art bestenfalls nur eine gute Annäherung der Rechnung an die sich später wirklich einstellenden Betriebsergebnisse erzielt werden.

Die nachstehende Betrachtung hat zum Ziel, die von den Hauptkennwerten (Hubraum, Verdichtungsgrad, Hubverhältnis) ausgehenden Einflüsse auf die Wärmeabfuhr aufzuzeigen, um daraus allgemeingültige Konstruktions-Richtlinien für den luftgekühlten Motor zu gewinnen. Sie ist naturgemäß nur unter bestimmten Vorbehalten durchführbar und gilt, ausgehend vom heutigen Stande der Erfahrungen, unter folgenden Vereinfachungen:

a) Gleichwertiger Entwicklungsstand der verglichenen Motoren im Sinne der bislang erreichbaren Durchschnittswerte der mechanischen, thermischen und volumetrischen Ausnutzung, ausgedrückt durch die mit der Kennlinie in Bild 2 zugrundegelegten Literleistungen als Funktion von Drehzahl und Mitteldruck.

b) Vernachlässigung untergeordneter Nebeneinflüsse, insbesondere aller individuellen Unterschiede der Bauform, soweit sie die Voraussetzungen für die Luftkühlung nicht maßgebend beeinflussen.

c) Übertragung der im wassergekühlten Zylinder herrschenden Wärmeverhältnisse auf den gleichgroßen oder gegebenenfalls geometrisch ähnlichen luftgekühlten Zylinder.

d) Beschränkung auf Viertakt-Ottomotoren unter Annahme gleichartigen Betriebszustandes und gleichartiger Einregulierung auf wirtschaftlichen Betrieb.

I. Der an das Kühlmittel übergehende Anteil der mit dem Brennstoff zugeführten Wärme.

Von der im Brennstoff enthaltenen Wärmeenergie Q_B gehen die Wärmemengen Q_K und Q_A an das Kühlmittel und an das Abgas. Die Wärmemenge Q_0 wird in Nutzleistung umgesetzt. Die Restmenge Q_R verteilt sich auf das Schmieröl (Reibung) sowie auf Strahlung und Leitung.

Die stündlich insgesamt aus den Verbrennungsgasen an das Kühlmittel abzuführende Wärmemenge beträgt

$$Q_K = x \cdot B \cdot N_0 \cdot H_u \text{ kcal/h}$$

worin x = gesuchter Anteil der abzuführenden Brennstoffwärme,
B = je PSh verbrauchtes Brennstoffgewicht (kg/PSh),
N_0 = reduzierte Nutzleistung (PS),
H_u = unterer Heizwert des Brennstoffes (kcal/kg).

Für abtastende Überschlagsrechnungen genügt die Beziehung

$$Q_K = 1000\, N_0,$$

gültig für $x = 0{,}33$, $B = 0{,}3$ und $H_u = 10000$.

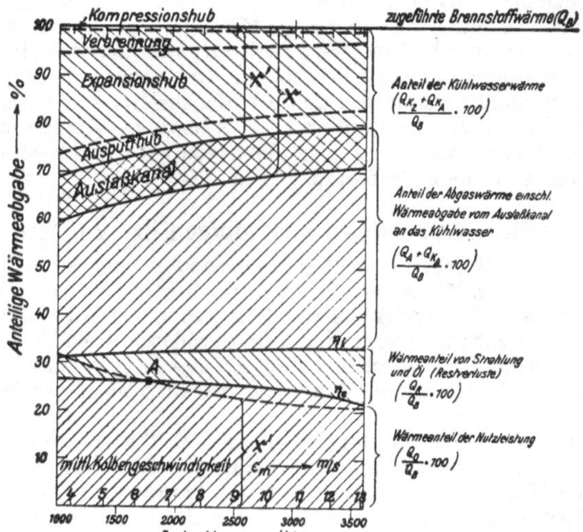

Bild 8. Wärmeverteilung im wassergekühlten Kraftwagenmotor bei Vollast in Abhängigkeit von der Drehzahl bzw. Kolbengeschwindigkeit

Zahlentafel 2: Gegenüberstellung der Hauptkennwerte verschiedener Fahrzeugmotoren mit Wasserkühlung und mit Luftkühlung.

Motortype	Zylinderzahl i	Bauart	Kühlung	Steuerung	Bohrung d	Hub s	Gesamt-Hubraum V_H	Einzel-Hubraum v_H	Hubverhältnis $z = s/d$	Verdichtung ε	Nutzleistung N_0	Drehzahl n_0 (und n_{max})	Literleistung N_0/V_H	Zyl.-Leistung N_0/i	Ladungsausnutzung $c_0 = \frac{N_0}{V_H \cdot n_0}$	Mittl. Nutzdruck bei N_0 $p_{m_0} = 900 \cdot c_0$	Drehmoment bei N_0 $M_d = 716 \cdot V_H \cdot c_0$	Mittl. Kolbengeschwindigkeit $c_m = \frac{s \cdot n_{max}}{30}$
					mm	mm	l	l			PS	U/min	PS/l	PS/Zyl.	mkg/l	kg/cm²	mkg	m/s
Chrysler (Bild 8)	8	Reihe	Wasser	unten	82,5	108	4,63	0,58	1,31	5,4	96	3400 (3600)	20,7	12	0,0061	5,5	20,2	13,0
Franklin Mod. 1931	6	Reihe	Luft	oben	88,9	120,7	4,5	0,75	1,36	5,3	87	3100 (3500)	19,3	14,5	0,0062	5,6	20,0	14,1
Phänomen Granit 30	4	Reihe	Luft	unten	90	120	3,05	0,76	1,33	5,3	50	2800	16,4	12,5	0,0059	5,3	12,9	11,2

Der Anteil x kann für die folgenden grundsätzlichen Betrachtungen als von der Art des angewandten Kühlverfahrens unabhängig angenommen werden und ist als Durchschnittswert aus der Erfahrung bestimmbar.

Nach neueren amerikanischen Untersuchungen[16]) kann der in Bild 8 in Abhängigkeit von der Drehzahl dargestellte Wärmehaushalt für Vollast zugrunde gelegt werden. Diese Untersuchungen behandeln die Frage der Wärmeabfuhr in allen Phasen des Arbeitsspiels an einem wassergekühlten Fahrzeugmotor (8-Zyl.-Chrysler-Motor), dessen Leistungszahlen als Richtwerte auch für luftgekühlte Motoren mit guter Hubraumausnutzung gelten können. Zur Bestätigung dieser Annahme sind seine Baudaten und Betriebswerte in Zahlentafel 2 mit denjenigen eines obengesteuerten und eines untengesteuerten luftgekühlten Fahrzeugmotors bewährter Bauart verglichen. Hubverhältnis, Verdichtungsgrad sowie Ladungsausnutzung bzw. Mitteldruck stimmen annähernd überein und kennzeichnen die gemeinsame Entwicklungshöhe der 3 Motoren.

Aus Bild 8 ergibt sich folgendes:

1. Die im Abgas und mit dem Kühlmittel abzuführenden Wärmeanteile, welche den Wärmemengen Q_A und Q_K entsprechen, sind stark drehzahlabhängig. Die anteilige Abgaswärme nimmt bei den mit steigender Drehzahl immer dichter werdenden Zündabständen zu, der Wärmeanteil im Kühlmittel entsprechend ab.

Der in indizierte Leistung umgesetzte Anteil (etwa entspr. $Q_0 + Q_R$) bleibt annähernd konstant.

Die bekannte Faustregel, wonach je ⅓ der erzeugten Wärmemenge auf die Leistung, auf das Abgas und auf die Kühlung entfällt, trifft besonders im mittleren Drehzahlfeld ziemlich genau zu.

2. Die weitaus überwiegende Wärmeabgabe im Zylinder an das Kühlmittel vollzieht sich während der Expansion. Sie beträgt über den dargestellten Drehzahlanstieg konstant $^2/_3$ ihres Gesamtwertes. Als Anteil an der zugeführten Brennstoffwärme Q_B jedoch verringert sich dieser Bilanzposten mit zunehmender Drehzahl bzw. Kolbengeschwindigkeit von etwa 21% auf etwa 14%. Er gibt damit der Linie des Wärmeanteils, welcher der Wärmemenge Q_K entspricht und dem Motor durch Kühlung entzogen werden muß, den charakteristischen Verlauf.

Als Grund dafür kann neben dem Einfluß der Ladedichte und der Wirbelung wahrscheinlich gelten, daß die spezifische Zeitdauer je Hub für den Wärmeübergang vom Verbrennungsgas auf die Zylinderwand mit dem Anstieg der Motordrehzahl abnimmt. Für die WUZ ist die Art des angewandten Kühlverfahrens im übrigen in diesem Zusammenhang gleichgültig.

Übertragen auf die Luftkühlung bedeutet der Kurvenverlauf, daß man sich beim Entwurf des Motors nicht damit begnügen darf, die Kühlluftmenge nach der Höchstleistung und der Höchstdrehzahl zu bestimmen. Eine Nachprüfung der Kühlverhältnisse im mittleren Drehzahlbereich, nämlich in der Gegend des maximalen Drehmoments, d. h. bei der größten Füllung ist in jedem Falle angebracht, denn die Liefermenge des Kühlgebläses fällt proportional mit der Drehzahl ab, während dies bei der von der Kühlluft aufzunehmenden Wärmemenge keineswegs der Fall ist. Auf die spezifische Kühlluftmenge je PSh wird deshalb noch eingegangen.

Die Auswirkung davon ergibt sich aus Bild 9, in welchem die Vollast-Temperaturverteilung in einem Zylinder des luftgekühlten Krupp-Boxermotors Typ M 304 in Abhängigkeit von der Drehzahl für verschiedene Meßstellen angegeben ist. Die Temperaturkurven zeigen deutlich, daß die größte Erwärmung der Zylinderwände in diesem Beispiel nicht bei höchster Drehzahl, sondern etwa im Gebiet des größten Drehmoments auftritt.

---

[16]) R. N. Janeway: „Quantitative Analysis of Heat Transfer in Engines", SAE-Journal, September 1938.

Gleichwohl ist die sehr verbreitete Auffassung, daß das Gebläse dem Motor, sofern er im Gebiet des größten Drehmoments ausreichend gekühlt ist, im oberen Leistungs-Bereich einen Überschuß an Kühlluft liefere, in dieser allgemeinen Form keineswegs richtig. Man beruft sich darauf, daß die Motorleistungskurve krumm sei, während die Liefer-Charakteristik des Gebläses geradlinig ansteigt. Zunächst kann aber die Leistungskennlinie auch im oberen Teil noch ziemlich steil und fast geradlinig sein, wie dies zuweilen bei Dieselmotoren bis hinauf zur Regler-Grenzdrehzahl der Fall ist. Ferner sinkt der Wirkungsgrad der Wärmeübertragung an den Kühlrippen der Zylinder mit zunehmender Kühlluftgeschwindigkeit (Bild 15). Ob also der in Bild 8 dargestellte Rückgang des Kühlwärme-Anteils bei wachsender Vollast-Drehzahl überwiegt, ist stets fraglich und läßt sich nur fallweise nach entsprechender Untersuchung und unter Berücksichtigung aller Einflußgrößen beantworten.

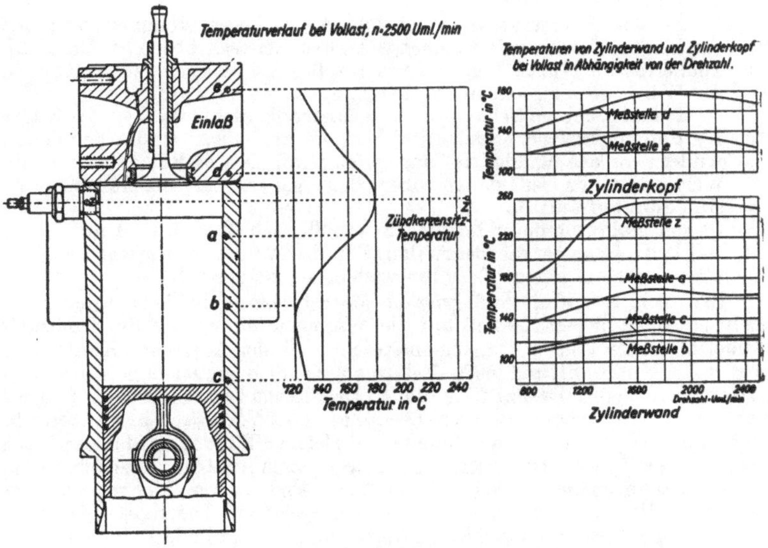

Bild 9. Vollast-Temperaturen am Zylinder und am Zylinderkopf des Krupp-Motors M 304

3. Von dem Gesamt-Wärmeanteil x des Kühlmittels (entsprechend Q_K) geht der Anteil x' (entspr. Q_{K_Z}) innerhalb des Arbeitszylinders und der Anteil $(x—x')$, der der Menge Q_{K_A} entspricht, außerhalb des Arbeitszylinders an das Kühlmittel über.

Die Belastung der Kühlung durch die Abgaswärme ist außerordentlich hoch. Der Anteil $(x — x')$ beträgt 8,5 bis 9,5% der zugeführten Wärmeenergie bzw. 24 bis 29% der gesamten Kühlwärme.

Eine möglichst wirksame Kühlung der Auslässe gehört danach für den luftgekühlten Motor zu den vordringlichsten Forderungen, um das Gleichgewicht zwischen Wärmeanfall und Wärmeabfuhr aufrechtzuerhalten. Zur Aufnahme bzw. Verminderung der dem Kühlvorgang zur Last fallenden Wärmemenge im Abgas ist eine große Oberfläche der Kühlrippen am Auslaßkanal und eine gute Wärmeverteilung durch starke Fließquerschnitte der Kanalwände ebenso wichtig wie ein möglichst kurzer Stutzen.

4. Wie an der im Schaubild unten eingetragenen Vergleichslinie für x' ersichtlich, entspricht die Wärmeabgabe Q_{K_Z} an das Kühlmittel innerhalb des Hubraumes und Brennraumes in der oberen Drehzahlhälfte annähernd dem Wärmeanteil der Nutzarbeit. Man bleibt daher im Rahmen der erforderlichen Genauigkeit, wenn man die in Wärmeenergie ausgedrückte Nutzleistung (entsprechend Q_0) als direkten Maßstab für die mittlere Wärmebelastung (q) der inneren Wandflächen des Zylinders, die der Einwirkung der Verbrennungsgase ausgesetzt sind, verwendet (vgl. Abschnitt D II). Vom Schnittpunkt A beider Schaulinien bei halber Drehzahl ab wird allerdings die Verfälschung des Ergebnisses durch den zunehmenden Unterschied beider Wärmewerte mit fallender Kolbengeschwindigkeit schnell größer.

5. Der konstante Anteil des Kompressionshubes an der Wärmeübertragung ist vernachlässigbar klein, so daß praktisch nur während des halben Arbeitsspiels (Expansions- und Auspuffhub) Wärme an das Kühlmittel abgegeben wird.

Hierbei sei bemerkt, daß von den Restgasen im Verbrennungsraum eine bestimmte Wärmeaustauschmenge an das Gemisch übergeht. Da dieser Teilbetrag an Wärme dem Arbeitsprozeß nicht verloren geht, tritt er in der Wärmebilanz nicht in Erscheinung.

Es fehlt auch im Schaubild, da bilanzmäßig nicht erfaßbar, die Kurve der Reibungswärme, soweit diese Wärmemenge nicht an das Schmieröl, sondern an das Kühlmittel abgeleitet wird. Der in Bild 8 dargestellte Wärmeanteil x ist daher über den ganzen Drehzahlbereich als Mindestanteil aufzufassen.

Da der Fahrzeugmotor im praktischen Betrieb überwiegend mit ½ bis ²/₃ Last läuft, ist es für die Beurteilung des Kühlvorganges wichtig, die Wärmebilanz auch in diesem Belastungsgebiet zu kennen.

Laut Bild 10 hat die Änderung der Motorbelastung bei konstanter Drehzahl einen ähnlichen Einfluß auf die Wärmeaufteilung wie die Drehzahländerung unter Vollast. Danach entspricht z. B. der Anteil der Kühlwärme bei voller Drehzahl und 50% Belastung ziemlich genau dem Anteil bei Vollast und halber Drehzahl in Bild 8. Dies hängt zwar mehr oder weniger von der Motorbauart und ihren Leistungs- und Verbrauchskennlinien ab. Bei Annahme gleicher Einregulierung und gleichen Füllungsgrades kann man aber überschlägig die stündlich zugeführte Brennstoffwärme in beiden Fällen wenigstens angenähert gleich groß ansetzen. Alsdann wäre hier wie dort der gleiche Teilbetrag der vollen Kühlluftmenge nötig. Die tatsächlich vom Gebläse gelieferte stündliche Kühlluftmenge beträgt jedoch infolge ihrer Abhängigkeit von der Kurbelwellendrehzahl im ersten Fall doppelt so viel wie im zweiten Fall. Hieraus ergibt sich der grundsätzliche Nutzen einer auf den wechselnden Bedarf zugeschnittenen Kühlluftregelung in Abhängigkeit von der Motorbelastung nach Abschnitt C III 2.

Die in Bild 10 dargestellten Bilanzwerte sind dem Buch von Pye[1]) über die Brennkraftmaschine entnommen und gelten bei wirtschaftlicher Vergasereinstellung (ungefähr 10% Brennstoffmangel). Bemerkenswert ist, daß die Wärmeverteilung bei Vollast mit den Endwerten in Bild 8 trotz der völlig unterschiedlichen Motoren, an denen die Ergebnisse in beiden Fällen gewonnen wurden, übereinstimmt. Man muß daher, wie es oben geschah, annehmen, daß für Bild 10 die Höchstdrehzahl zugrunde liegt und daß für beide Abbildungen das gleiche Mischungsverhältnis gilt. Im Bereich des Brennstoffüberschusses ändert sich nach den Angaben von Pye die Wärmeverteilung wesentlich in Richtung steigenden Anteils der Abgaswärme und fallender Anteile der Kühlmittelwärme und der indizierten Leistung, wodurch die Kühlung des Auslaßstutzens noch an Bedeutung gewinnt.

In diesem Zusammenhang muß erwähnt werden, daß sich die obige Forderung nach einem möglichst kurzen Auslaßstutzen konstruktiv nicht immer erfüllen läßt. In einem solchen Fall tut man, wenn es die Bauart zu-

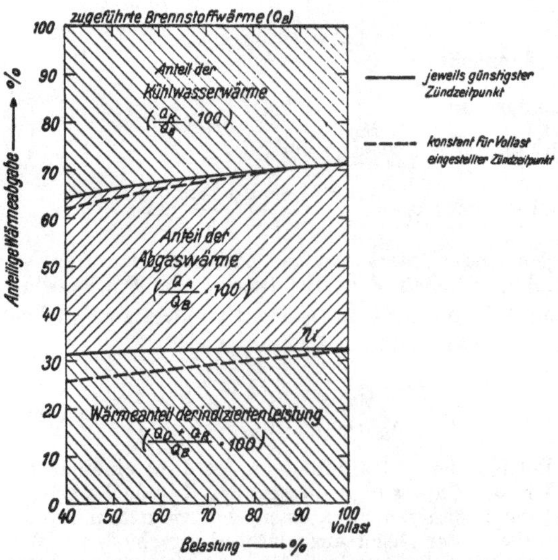

Bild 10. Wärmeverteilung im wassergekühlten Kraftwagenmotor bei konstanter Drehzahl und konstantem Mischungsverhältnis in Abhängigkeit von der Belastung

läßt, gut daran, den Auslaßstutzen auf die Ausströmseite der warmen Kühlluft zu legen, sodaß die Kühlluft bei der Umspülung des Stutzens ihre Aufgabe, die Wärme des Zylinderkopfes aufzunehmen, bereits erfüllt hat. Um eine Rückströmung der Wärme zum Zylinderkopf zu verhindern, muß gleichzeitig jede unnötige Materialverbindung zwischen Stutzen und Zylinderkopf unterbleiben (vgl. Bild 5).

II. Die Wärmebelastung der Zylinderwandungen.

Bei der Bestimmung der mittleren Wärmebelastung q, d. h. des Quotienten aus der Wärmemenge Q_{K_Z}, die entsprechend dem Anteil x' stündlich über die Zylinderwandungen an das Kühlmittel übergeht, und der inneren Wandfläche des Zylinders, ist das Verhältnis dieser Wandfläche (o) zum Rauminhalt (v) der ausschlaggebende Faktor. Die Verhältniszahl o/v hängt bei gegebenem Hubraum vom Hubverhältnis $z = s/d$ und vom Verdichtungsverhältnis ε nach Maßgabe der bekannten geometrischen Beziehungen ab und folgt einer Kurve, die der Literleistungskennlinie in Bild 2 sehr stark ähnelt.

Infolgedessen ergibt sich für die spezifische mittlere Wärmebelastung q der Arbeitsflächen verschieden großer Zylinder eine Schar annähernd gestreckt verlaufender Linien, deren Abstand voneinander sich nach dem Einfluß von z und ε richtet.

Unter Zugrundelegung eines obengesteuerten Zylinders mit zylindrischem oder annähernd zylindrischem Verbrennungsraum, dessen Durchmesser der Zylinderbohrung d entspricht, lassen sich die einzelnen Räume und Flächen wie folgt ausdrücken:

Hubraum:

Inhalt: $v_H = \frac{\pi d^3}{4} \cdot z \text{ cm}^3$

d. h.: $d = \sqrt[3]{\frac{4\, v_H}{\pi \cdot z}} \text{ cm}$

Oberfläche: $o_H = \pi d^2 z \text{ cm}^2$

Kolben:

$$\text{Bodenfläche: } o_K = \frac{\pi d^2}{4} \text{ cm}^2$$

Verbrennungsraum:

$$\text{Inhalt: } v_C = \frac{\pi d^3 z}{4(\varepsilon - 1)} \text{ cm}^3$$

$$\text{Oberfläche: } o_C = \frac{\pi d^2}{4} \cdot \frac{\varepsilon - 1 + 4z}{(\varepsilon - 1)} \text{ cm}^2$$

Für vergleichende Untersuchungen ähnlicher Bauarten ist es im Falle der Wasserkühlung üblich, den Mittelwert q_m der Wärmebelastung auf die Gesamt-Wandfläche $o_H + o_C$ des ganzen Zylinders zu beziehen, sodaß, mit $Q_{K_Z} = Q_0$ gesetzt (Abschnitt D I 4),

$$q_m = \frac{Q_0}{o_H + o_C} = \frac{Q_0/v_H}{(o_H + o_C)/v_H} \quad \text{kcal/m}^2\text{ h.}$$

Für die Belange der Luftkühlung genügt diese einfache Kennzahl meistens nicht. Um die Anpassungsfähigkeit der Kühlfläche an die tatsächliche Wärmebelastung ausnutzen zu können, hat man den Zylinder und den Zylinderkopf, die in der Regel aus Material verschiedener Wärmeleitfähigkeit bestehen und überdies an einem Wärmeaustausch zueinander durch die dazwischenliegende Dichtung gehemmt sind, getrennt zu behandeln.

Die Flächen o_H, o_C und o_K nehmen in verschiedenem Maße am Wärmeübergang teil: während o_C und o_K über die volle Dauer des Arbeitsspiels unveränderlich bleiben, ist o_H in der oberen Totpunktstellung des Kolbens, d. h. im Augenblick der stärksten Wärmeeinwirkung ganz abgedeckt. Die Veränderlichkeit der Fläche o_H unter dem Einfluß der Kolbenbewegung kann einfachheitshalber dadurch berücksichtigt werden, daß man mit dem Mittelwert $o_H/2$ dieser Fläche rechnet[16]). Die maßgebenden Flächengrößen und Verhältniszahlen sind alsdann folgende:

$$o_I = \frac{o_H}{2} + o_K = \frac{\pi d^2}{4}(2z + 1) \text{ cm}^2$$

$$o_{II} = \frac{o_H}{2} + o_K + o_C = \frac{\pi d^2}{4} \cdot \frac{2z(\varepsilon + 1) + 2(\varepsilon - 1)}{(\varepsilon - 1)} \text{ cm}^2$$

$$o_H/v_H = 4/d \quad \text{cm}^2 \text{ Hubraumfläche/cm}^3 \text{ Hubraum}$$

$$o_{II}/v_H = \frac{2z(\varepsilon + 1) + 2(\varepsilon - 1)}{d \cdot z(\varepsilon - 1)} \quad \text{cm}^2 \text{ Gesamtfläche/cm}^3 \text{ Hubraum}$$

Eine gegebene Motorleistung, die nach Bild 2 mit einem bestimmten Hubraum bei gegebener Drehzahl möglich ist, kann unter verschiedenen baulichen Voraussetzungen, d. h. je nach Kühlung mit verschiedenen Werten von z und ε erzielbar sein. Setzt man voraus, daß der vom Kolben aufgenommene Anteil der Verbrennungswärme schließlich doch in vollem Betrage über die Zylinderwand in das Kühlmittel gelangt und daß die Reibungswärme aus dem Kolben, die in Bild 8 zu den Restverlusten zählt, in voller Höhe an das Schmieröl geht, so ist mit entsprechender Beachtung der Bezugseinheiten:

a) die je cm³ Hubraum an das Kühlmittel abzuführende Wärmemenge, berechnet aus der Literleistung nach Bild 2 als dem direkten Maß der Kühlwärme je Liter Hubraum:

$$\frac{Q_0}{v_H(\text{cm}^3)} = \frac{75 \cdot 3600}{427 \cdot 1000} \cdot \frac{N_e}{v_H(l)} = 0{,}632 \frac{N_e}{v_H(l)} \quad \text{kcal/cm}^3\text{ h}$$

b) der auf den Laufzylinder entfallende Wärmeanteil:

$$Q' = Q_0 \cdot o_I / o_{II} \quad \text{kcal/h}$$

oder je cm³ Hubraum:

$$\frac{Q_0'}{v_H} = \frac{Q_0}{v_H} \cdot \frac{o_I}{o_{II}} = \frac{Q_0}{v_H} \cdot \frac{(2z+1)(\varepsilon-1)}{2z(\varepsilon+1)+2(\varepsilon-1)} \quad \text{kcal/cm}^3\,\text{h}$$

c) die mittlere Wärmebelastung der Hubraumfläche o_H:

$$q_H = \frac{Q'}{o_H} = \frac{Q_0'}{\pi d^2 z} \quad \text{kcal/cm}^2\,\text{h oder}$$

$$q_H = \left[\frac{Q_0'}{v_H}\right] : \left[\frac{o_H}{v_H}\right] = \frac{Q_0' \cdot d}{4 \cdot v_H} \quad \text{kcal/cm}^2\,\text{h}$$

d) der auf den Brennraum im Zylinderkopf entfallende Wärmeanteil:

$$Q_0'' = Q_0 \cdot \frac{o_C}{o_{II}} \quad \text{kcal/h}$$

oder je cm³ Hubraum

$$\frac{Q_0''}{v_H} = \frac{Q_0}{v_H} \cdot \frac{o_C}{o_{II}} = \frac{Q_0}{v_H} \cdot \frac{\varepsilon - 1 + 4z}{2z(\varepsilon+1)+2(\varepsilon-1)} \quad \text{kcal/cm}^3\,\text{h}$$

e) die mittlere Wärmebelastung der Brennraumfläche o_C:

$$q_C = \frac{Q_0''}{o_C} = \frac{Q_0}{o_{II}} \quad \text{kcal/cm}^2\,\text{h oder}$$

$$q_C = \left[\frac{Q_0}{v_H}\right] : \left[\frac{o_{II}}{v_H}\right] = \frac{Q_0}{v_H} \cdot \frac{d \cdot z \cdot (\varepsilon-1)}{2z(\varepsilon+1)+2(\varepsilon-1)} \quad \text{kcal/cm}^2\text{h}$$

Bild 11 enthält das Ergebnis für die verschiedenen Hubraumgrößen bei konstantem Hubverhältnis, Vollast und Höchstdrehzahl.

Aus den q_H- und q_C-Linien, deren etwas unregelmäßiger Verlauf sich aus dem empirischen Charakter der ebenfalls dargestellten und aus Bild 2 umgerechneten Q_0/v_H-Kurve erklärt, ist die bei den bisher üblichen Literleistungen vorhandene mittlere Wärmebelastung der Wandflächen vom Hubraum und Brennraum zu entnehmen. Die Wärmeaufnahme dieser Flächen steigt bei voller Hubraumausnutzung mit abnehmender Hubraumgröße und mit zunehmendem Verdichtungsverhältnis. Örtlich können doppelt so große Werte (300000 bis 400000 kcal/m² h) auftreten.

Um die stark veränderlichen Voraussetzungen für die Wärmeabfuhr bei den verschiedenen Hubraumgrößen und Verdichtungsverhältnissen deutlich zu machen, ist die spezifische Oberfläche

$$\frac{o_H + o_C}{v_H} = \frac{4\varepsilon \cdot z + (\varepsilon-1)}{d \cdot z(\varepsilon-1)} \quad \text{cm}^2/\text{cm}^3$$

als für jeden Motor leicht zu handhabende Kennzahl in das Schaubild mit aufgenommen, so daß man für Vergleichsrechnungen die schon oben aufgeführte Größe

$$q_m = \frac{Q_0}{o_H + o_C} = \frac{Q_0/v_H}{(o_H + o_C)/v_H}$$

für den Mittelwert der Wärmebelastung, bezogen auf die beheizte Gesamt-Wandfläche im Zylinder, bilden kann.

In beträchtlichem Maße wirkt sich lt. Bild 12 auch das Hubverhältnis auf die Belastungszahl q_H aus. Mit steigendem Hubverhältnis nimmt die

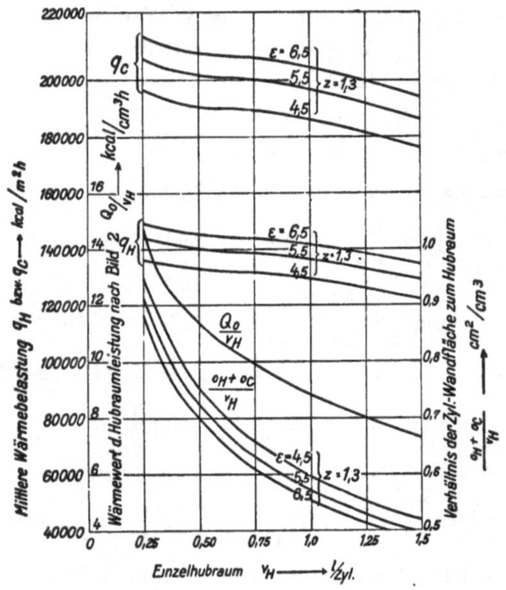

Bild 11. Mittlere spezif. Wärmebelastung q_H der Hubraumwand und q_C der Brennraumwand, Verhältnis der Zyl.-Wandfläche $o_H + o_C$ zum Hubraum v_H bei verschiedenen Verdichtungsverhältnissen und konstantem Hubverhältnis $z = 1{,}3$ sowie Wärmewert bisher üblicher Hubraumleistungen in Abhängigkeit vom Hubraum des obengesteuerten Zylinders.

Wärmebelastung der Hubraumfläche merklich ab. Befindet sich z. B. ein luftgekühlter Zylinder von bestimmten Abmessungen bei Vollast nahe an der zulässigen Temperaturgrenze, so ist dieser Darstellung zufolge eine mittels Hubraumvergrößerung beabsichtigte Leistungssteigerung zweckmäßiger durch Verlängerung des Hubes zu erreichen als durch das übliche einfache Mittel des Aufbohrens auf größeren Zylinder-Durchmesser (siehe Zahlentafel 5).

Dadurch wird außerdem nicht nur eine Verschlechterung der Wärmeabfuhr aus dem Kolben vermieden, sondern vor allem auch die Möglichkeit zur Vermehrung der Kühlrippen am Laufzylinder geschaffen. Es ist wohl

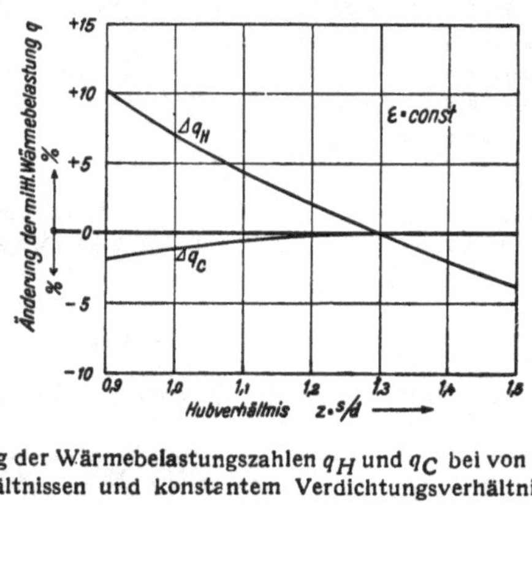

Bild 12. Änderung der Wärmebelastungszahlen q_H und q_C bei von $z = 1{,}3$ abweichenden Hubverhältnissen und konstantem Verdichtungsverhältnis (Mittelwerte)

als die markanteste Eigenschaft der langhubigen Bauart anzusprechen, daß sie sowohl für die thermische Belastung von Zylinderwand und Kolben als auch für die Anordnung der Kühlrippen und für den freien Durchtritt der Kühlluft bei kleinem Zylinder-Abstand die besseren Vorbedingungen in sich schließt (vgl. Abschnitt D IV 2c). In der Hubverlängerung hat der Konstrukteur ein Mittel, um entweder bei gegebener Hubraumgröße und Leistung einer mangelhaften Kühlung der Kolbenlaufbahn nach Möglichkeit vorzubeugen oder im Bedarfsfall den Hubraum und die Leistung ohne Verschlechterung der vorhandenen Kühlverhältnisse zu vergrößern.

Bei schnellaufenden Motoren steht allerdings die Kolbengeschwindigkeit als Maßstab der mechanischen Beanspruchung mit im Vordergrund. Stellt man 2 Motoren gleicher Bauart mit verschiedenem Hubverhältnis $z = s/d$ und im übrigen mit gleichem Hubraum und gleicher mittlerer Kolbengeschwindigkeit einander gegenüber, so hat die langhubige Maschine die nach Maßgabe des längeren Hubes kleinere Drehzahl und, wenn sich die Leistung wie die Drehzahl verhält, eine entsprechend kleinere Leistung. Maßgebend ist die Beziehung

$$s = \sqrt[3]{\frac{4}{\pi} \cdot v_H \cdot z^2} = \text{const}\ \sqrt[3]{z^2},$$

wonach das Verhältnis der Leistungen bzw. Literleistungen durch $z^{2/3}$ gekennzeichnet ist. Es kommt daher bei der Leistungssteigerung durch Hubverlängerung darauf an, ob die mittlere Kolbengeschwindigkeit noch steigerungsfähig ist, d. h. ob die damit verbundene mechanische Verschlechterung zugunsten einer besseren Wärmebeanspruchung in Kauf genommen werden kann.

Im Zuge der heutigen Entwicklung zum kurzhubigen Motor treten häufig noch weitere Gegengründe gegen die Anwendung eines großen Hubverhältnisses auf, wie z. B. die Schwierigkeit der Unterbringung ausreichend großer Ventile oder bei Boxermotoren die Vergrößerung der Baubreite der Maschine im Fahrzeug (Volkswagenmotor). Ferner weist der kurzhubige Motor im allgemeinen das kleinere Leistungsgewicht auf. Wo angängig, sollte man aber wenigstens bei größeren Einzelhubräumen ein Hubverhältnis mittlerer Größe für den luftgekühlten Motor anstreben, um die Vorteile der kleineren Wärmebelastung und der besseren Wärmeabfuhr auszunutzen.

Vollständigkeitshalber wird darauf hingewiesen, daß auch die vom Kolben an die Zylinderwand durch Strahlung abgegebene Wärmemenge mit zunehmendem Hubverhältnis wächst[17]) und dadurch zur thermischen Entlastung des Kolbens beiträgt.

Was die mittlere Wärmebelastung q_C der Brennraumwand o_C anbelangt, so ist zwar der Einfluß des Hubverhältnisses im unteren Bereich der Darstellung Bild 12 entgegengesetzt gerichtet, jedoch von untergeordneter Größe.

Für den untengesteuerten Motor gelten grundsätzlich die gleichen Richtlinien. Die Verhältnisse liegen allerdings weniger einfach. Im Ricardo-Brennraum beläuft sich für übliche Verdichtungsgrade die Wandfläche $o_{C'}$, soweit sie zum Zylinderkopf gehört, etwa auf den 1,7-fachen Betrag des für den obengesteuerten Zylinder gleichen Hubraums mit scheibenförmigem Brennraum gültigen Wertes. Dazu kommt noch als weitere Wandfläche des Brennraumes die zum Laufzylinder gehörige Aufnahmefläche der Ventile mit der zusätzlichen Aufheizung des Laufzylinders durch den Auslaßkanal.

Durch die nahe am Laufzylinder befindlichen Ventilkanäle wird, wie aus Bild 4 einigermaßen ersichtlich, die gürtelförmig geschlossene Anordnung der Kühlrippen auf dem Zylinderumfang unterbrochen. Nur unter Inkaufnahme einer ziemlich schrägen Ventilstellung oder eines sehr langge-

[17]) A. Stambuleanu: „Der Wärmeaustausch durch Strahlung zwischen den inneren Zylinderflächen als Funktion der mittleren Kolbengeschwindigkeit". ATZ 1939, Heft 11 (10. 6. 1939).

zogenen, thermisch ungünstigen Brennraumes ließe sich die Kühlfläche des Laufzylinders auf der Ventilseite vergrößern. Eine solche Maßnahme hätte zwar auf die hohe örtliche Temperatur zwischen Auslaßkanal und Zylinderwand infolge des größeren Luftdurchtritts unmittelbaren Einfluß. So wichtig ein reichlicher Kühlluftdurchfluß an dieser engen Stelle mit Rücksicht auf ein gleichmäßigeres Temperaturbild am Zylinder und an der Ringpartie des Kolbens auch ist, so wenig erscheint es andererseits angebracht, die zum Laufzylinder gehörige Fläche des Brennraumes unnötig zu vergrößern.

Allgemein betrachtet ist die thermische Belastung, die diese Zylinderbauart als Träger der stehenden Ventile auszuhalten hat, in Wirklichkeit bei weitem geringer als es auf den ersten Blick erscheint. Auf die Tatsache allerdings, daß nach den Erfahrungen der Praxis eine günstige Temperaturverteilung, vorausgesetzt werden muß und sich schließlich auch erreichen läßt (Bild 4), wird erneut hingewiesen. Der Rechnung zufolge ist die spezif. Wärmebelastung q_H bei Annahme gleicher Hubraumabmessungen und gleicher Leistung im Durchschnitt kleiner als im obengesteuerten Zylinder, weil sich die größeren Flächen o_C bzw. o_{II} ermäßigend auf den Wärmeanteil Q_0' auswirken. Da sich der Kühlflächenbedarf nach der Wärmebelastung richtet, weil Wärmeabfuhr und Wärmeaufnahme im Gleichgewicht sein müssen, würde der untengesteuerte Laufzylinder, wenn man zunächst von der zusätzlichen Aufheizung durch den Brennraum und durch den Auslaßkanal absieht, mit einer erheblich kleineren spezif. Kühlfläche auskommen. Man ist folglich in der Lage, trotz dieser zusätzlichen Aufheizung völlig befriedigende Verhältnisse für die Luftkühlung dieser Bauform zu schaffen.

Am zugehörigen Leichtmetallzylinderkopf hat man andererseits, da die Ventile und Kanäle daran fehlen, keinerlei Mühe, den Temperaturzustand mit mäßigem Aufwand an Kühlfläche nach Bedarf zu regulieren. Dem größeren Wärmeanteil Q_0'' steht die noch größere Zunahme der Wandfläche o_C gegenüber, so daß sich die Belastungszahl q_C im Vergleich zur obengesteuerten Bauart in noch stärkerem Grade ermäßigt als die Belastungszahl q_H. Damit wird eine der wichtigsten Forderungen, nämlich die möglichst weitgehende Kühlung des zuletzt verbrennenden Gemischrestes als Voraussetzung ausreichender Klopffestigkeit erfüllbar[18]).

Die Folge dieser Sachlage ist, daß der untengesteuerte luftgekühlte Zylinder im Vergleich zu dem in Abschnitt C III 1b angeführten obengesteuerten Zylinder nach Bild 5 eine wesentlich kleinere spezif. Gesamtkühlfläche und eine andere Verteilung der Kühlflächen aufweist. Nachstehend sind die spezif. Kühlflächen der in Bild 4 und 5 dargestellten Bauarten einander gegenübergestellt:

Zyl. Kopf (Leichtmetall):
untengesteuert: 2000 cm²/l Hubraum
obengesteuert: 4250 cm²/l „ (8650)

Laufzylinder (Grauguß):
untengesteuert: 5000 cm²/l „
obengesteuert: 5000 cm²/l „ (2450)

Ganzer Zylinder:
untengesteuert: 7000 cm²/l „
obengesteuert: 9250 cm²/l „ (11100)

Diese Zahlen bestätigen die vorstehenden Feststellungen. Beide Zylinderbauarten haben trotz des starken baulichen Unterschiedes, auf den Hubraum bezogen, am Laufzylinder die gleiche Kühlfläche, wobei sich die Kühlfläche des untengesteuerten Laufzylinders sogar einschließlich der Verrippung der Gaskanäle versteht. In beiden Fällen ist die Kühlfläche des Hubraumes rund 11 mal so groß wie seine Wandfläche.

---

[18]) Dr. Ing. Karl Zinner: „Klopfvorgang und Verbrennungsraum“, ATZ 1939, Heft 9 v. 15. 5. 39.

Am Zylinderkopf dagegen ist die auf den Hubraum bezogene Kühlfläche des untengesteuerten Zylinders, da die mittlere Wärmebelastung kleiner ist und die Gaskanäle fehlen, nicht einmal halb so groß wie im Vergleichsfall des kopfgesteuerten Motors. Wählt man die innere Brennraumfläche als Bezugsgröße, so genügt hier bereits der ungefähr 5-fache Wert um die Wärme abzuführen.

Wie stark die Kühlflächen-Bemessung von den individuellen Gestaltungsrücksichten am Motor abhängt, zeigen im übrigen die in Klammern gesetzten Vergleichswerte der vorstehenden Gegenüberstellung. Diese Zahlen beziehen sich auf den obengesteuerten Zylinder des Volkswagenmotors. Sie ergeben nicht nur eine insgesamt sehr große Kühlfläche, sondern vor allem eine abweichende Aufteilung zugunsten des thermisch hochbelasteten Zylinderkopfes. Die ausnehmend kleine Kühlfläche des Laufzylinders ist einesteils eine Folge des in der Boxerbauart begründeten kleinen Hubverhältnisses von $s/d = 0{,}915$, andernteils dadurch verursacht, daß der Laufzylinder ziemlich weit in das Kurbelgehäuse und mit dem oberen Ende in den Zylinderkopf aus Silumin hineingezogen ist. Ein Teil der Laufflächenkühlung wird daher von Zylinderkopf übernommen, wobei der Wärmeübergang nach oben dadurch unterstützt wird, daß der Kopf ohne Dichtung auf den Laufzylinder aufgesetzt und nur mit Dichtungsmasse abgedichtet ist.

Um zu der Leistungsfähigkeit der untengesteuerten Bauart zurückzukehren, so geht diese schon aus den Vergleichswerten des Verdichtungsverhältnisses und der drehzahlunabhängigen Leistungsdaten — Ladungsausnutzung bzw. mittlerer Nutzdruck — in Zahlentafel 2 hervor. Erfahrungsgemäß lassen sich somit auch am luftgekühlten Motor die zahlreichen Vorteile der stehenden Ventilanordnung[19]) im vollen Umfang zur Geltung bringen. Zweifellos würde die Weiterentwicklung zum Leichtmetallzylinder mit Laufbuchse hier für den Ausgleich der Temperaturen von besonders großem Nutzen sein, weil man damit die Ventile und Kanäle im Leichtmetall unterbringen könnte, wie dies im Zylinderkopf der obengesteuerten Bauart der Fall ist. Erfolg versprechende Ansätze einer solchen Entwicklung sind bereits vorhanden.

In dem obigen Vergleich des Kühlflächenbedarfs beider Zylinderbauarten wurde die spezifische Kühlfläche, wie in der Literatur üblich, auf den Hubraum bezogen. Hiergegen ist nichts einzuwenden, denn es handelt sich bei den beiden verglichenen Zylindern, Bild 4 u. 5, um gleichgroße Hubräume (vgl. Zahlentafel 2). Für den Vergleich von Zylindern verschiedenen Inhalts gibt aber der Hubraum keinen zuverlässigen Maßstab. In diesem Fall ist es unbedingt richtiger, die innere Wandfläche als Bezugsgröße zu wählen, weil sich das Verhältnis zwischen der Fläche und dem Hubraum nach der o/v-Kurve im Bild 11 verändert, so daß eine Beurteilung der Einflüsse, die nach obiger Gegenüberstellung von den baulichen Unterschieden ausgehen, andernfalls erschwert wäre. Da der Kühlflächenbedarf nicht vom Zylinderinhalt, sondern nur von der Größe der inneren Wandfläche und ihrer Wärmebelastung abhängt, kann aber die Angabe in cm^2/l Hubraum oder in cm^2/cm^3 Hubraum bei der Übertragung auf eine andere Zylindergröße auch bei gleicher Bauart nicht als Maßstab dienen.

III. Der Wärmedurchgang durch die Zylinderwand.

Die für den Wärmedurchgang durch eine Trennwand zwischen 2 Flüssigkeiten oder Gasen maßgebende allgemeine Beziehung lautet in der Anwendung auf den zunächst glatten, dünnwandigen Rohrzylinder mit der äußeren Oberfläche F_Z, der einem quergerichteten Kühlluftstrom ausgesetzt ist, unter Annahme einer gleichmäßigen Temperaturverteilung über Länge und Umfang

[19]) Ernst M. Drucker: „Die neuere Entwicklung der seitengesteuerten Vergasermotoren" ATZ 1937, Heft 19 v. 10. 10. 37.

$$Q_K = k \cdot F_Z(t_V - t_L) \text{ kcal/h},$$

worin Q_K begrifflich der früheren Bezeichnung Q_{K_Z} in Bild 8 entspricht.

Hierbei bringt die Wärmedurchgangszahl

$$k = \frac{1}{\frac{1}{\alpha_V} + \frac{\delta}{\lambda} + \frac{1}{\alpha_L}} \quad \text{kcal/m}^2\text{ h }^0\text{C}$$

bei der Aufteilung der obigen Gleichung in

$$\frac{Q_K}{k} = \frac{Q_K}{\alpha_V} + Q_K \cdot \frac{\delta}{\lambda} + \frac{Q_K}{\alpha_L} = F_Z \cdot [(t_V - t_i) + (t_i - t_Z) + (t_Z - t_L)]$$

folgende Widerstände der Wärmeübertragung am Zylinder zum Ausdruck:

a) vom Verbrennungsgas mit der Temperatur t_V auf die innere Zylinderwandfläche mit der Temperatur t_i (WUZ: α_V in kcal/m² h °C).

b) beim Durchgang durch die Zylinderwand (Wandstärke δ in m, Wärmeleitzahl λ in kcal/m h °C, Temperaturdifferenz $t_i - t_Z$).

c) von der Außenfläche des Zylinders mit der Temperatur t_Z auf die Kühlluft mit der Temperatur t_L (WUZ: α_L in kcal/m² h °C).

Der Klammerwert $(t_V - t_L)$ ist die gesamte Temperaturdifferenz, die zur Überwindung der 3 Stufen erforderlich ist, damit der Wärmefluß ohne Überschreitung der zulässigen inneren Wandtemperatur $t_{i_{max}}$ aufrecht erhalten bleibt. Auf eine Betrachtung der Stufe a) wird verzichtet, denn bei der Berechnung genügt es zu wissen, für welche größte Wandtemperatur $t_{i_{max}}$ die Kühlung bemessen werden soll (vgl. Abschnitt B III 1b). Im übrigen ist der Übergangswiderstand dieser Stufe infolge des hohen Temperaturgefälles $(t_V - t_i)$ und infolge der starken Bewegung (Wirbelung) der heißen Gase im Zylinder nur klein. Für α_V kann man etwa 2400 kcal/m² h °C annehmen.

Der weitere Temperaturabfall $(t_i - t_Z)$ in der Wand selbst (entsprechend der Stufe b) ist bei gegebener Wärmebelastung q vom Werkstoff und von der Wandstärke abhängig, und zwar nach der Teilbeziehung

$$t_i - t_Z = \frac{Q_K}{F_Z} \cdot \frac{\delta}{\lambda} \quad {}^0\text{C}.$$

Bei getrennter Betrachtung des rohrförmigen Laufzylinders und des Zylinderkopfes, für den sinngemäß derselbe Ansatz gilt, kann man die Rechnung in Anbetracht der dünnen Wandstärken vereinfachen und mit ausreichender Genauigkeit für $\frac{Q_K}{F_Z}$ die auf die inneren Wandflächen o_H bzw. o_C bezüglichen Wärmebelastungszahlen q_H und q_C des vorigen Abschnittes setzen. Hierbei ist der außerdem durch die Kühlung abzuführende Teil der Abgaswärme, dargestellt durch den Restbetrag der gesamten Kühlwärme [entsprechend Q_{K_A} bzw. $(x - x')$ in Bild 8] alsdann auf Grund der Oberfläche des Auslaßkanals für sich ebenfalls noch zu berücksichtigen.

Zur Beurteilung der Werkstoffrage geben die beiden folgenden Beispiele über die Größenordnung des Temperaturabfalls in der Wand eines gußeisernen Laufzylinders und eines Zylinderkopfes aus Leichtmetall Aufschluß. Es handelt sich um reine Durchschnittswerte am obengesteuerten Motor:

Angenommene Konstruktionsdaten:

$v_H = 0{,}75$ l/Zyl.; $\varepsilon = 5{,}5$; $z = 1{,}3$

1. Grauguß-Zylinder: $\lambda \approx 42$ kcal/m h °C

Wandstärke: $\delta = 0{,}007$ m (übliche Wandstärke für mehrmaliges Zylinder-Ausschleifen).

Mittl. Wärmebelastung: $q_H = 138000$ kcal/m² h°C (nach Bild 11).

$$\Delta t_H = t_{i_H} - t_{Z_H} = \frac{138000 \cdot 0{,}007}{42} = 23\,^{\circ}\mathrm{C},$$

2. Al-Guß-Kopf: $\lambda \approx 133$ kcal/m h°C

Wandstärke: $\delta = 0{,}015$ m (günstige Wandstärke für die Senkung der Temperaturspitzen im Brennraum)

Mittl. Wärmebelastung: $q_C = 200000$ kcal/m² h °C (nach Bild 11)

$$\Delta t_C = t_{i_C} - t_{Z_C} = \frac{200000 \cdot 0{,}015}{133} = 22{,}5\,^{\circ}\mathrm{C}$$

Die angenommenen Wandstärken von 7 und 15 mm entsprechen einer bei Fahrzeugmotoren häufig gewählten Ausführungsweise. Es ergeben sich etwa gleichgroße mittlere Temperaturdifferenzen im Material.

Bei einem gußeisernen Zylinderkopf, dessen Wandstärke aus Gewichtsgründen auf höchstens 7 mm (wie am Zylinder) zu bemessen wäre, würde unter den Voraussetzungen des 2. Beispiels ein mittlerer Temperaturabfall von $\Delta t_C = 33^{\circ}$ C anzunehmen sein.

Der durch Verwendung von Leichtmetall infolge des kleineren Durchgangswiderstandes entstehende durchschnittliche Gewinn von 10 °C ist nur gering und würde den höheren Kostenaufwand für die Leichtmetallbauart des Zylinderkopfes an sich nicht lohnen.[20]) Wie aber in Abschnitt C III 1a betont, liegt der kühltechnische Vorteil eines gut leitenden Materials in der teilweise durch indirekte Kühlung erzielbaren, gleichmäßigeren Temperaturverteilung als wesentlichem Faktor hoher Verdichtung, Leistung und Betriebssicherheit.

Nimmt man für die Wandtemperatur t_{i_H} des Hubraumes bei größter Beanspruchung (Vollast und Höchstdrehzahl) eine Höhe von etwa 175° C für die dem quergerichteten Kühlluftstrom zugekehrte Seite und von etwa 200 °C für die abgekehrte Seite an (Bild 5), so bewegt sich nach Beispiel 1 die Temperatur t_{Z_H} der äußeren, unverrippten Oberfläche F_Z zwischen 150 und 175° C. Die Temperatur am unteren Zylinderschaft liegt natürlich niedriger.

Analog ergibt sich aus Beispiel 2 an einem hochbeanspruchten Zylinderkopf mit $t_{i_C} = 300^{\circ}$ C eine äußere Wandtemperatur t_{Z_C} von etwa 275° C.

Zylinderguß.

Aus den Wärmeleitzahlen (Eisen: $\lambda = 42 - 50$; Reinaluminium: $\lambda = 180$; Kupfer: $\lambda = 320$) ist ersichtlich, daß das Eisen vom Standpunkt der Luftkühlung ein recht wenig geeigneter Werkstoff ist. Die Zahl λ nimmt mit steigender Temperatur sowohl bei unlegiertem als auch bei legiertem Gußeisen ab. Sie ist außerdem von den Legierungsbestandteilen abhängig und sinkt nach Jaklitsch[21]) mit zunehmender Steigerung der mechanischen Beanspruchungsfähigkeit des Materials nach Maßgabe der in Frage kommenden Zusätze (Si, Ni, Mo, Cr, W usw.).

Im übrigen ist für den Zylinderguß luftgekühlter Motoren zu fordern:

1. Hohe mechanische Festigkeit und hoher Elastizitätsmodul gegen Verformungen unter dem Einfluß ungleichmäßig hoher Temperaturen (Veränderung des Kolbenspiels, ungleichförmige Abnutzung der Laufbahn, mangelnde Kompression durch undichte Ventile) und gegen Verspannungen der Dichtflächen durch die Zylinderkopfschrauben.

---

[20]) R. v. Linde: „Die Wärmeleitfähigkeit der Metalle und ihr Einfluß auf den Wärmeaustausch", Metalltechnik (N.F.M.-Verlag, Berlin W 35), 8. Jhrgg. Heft 52 v. 29.12.39.

[21]) Dr. F. Jaklitsch: „Der Weg zum Großflugmotor", ATZ 1939, Heft 22 (25.11 1939)

Zahlentafel 3: Stoffwerte verschiedener Aluminium-Legierungen (größtenteils nach Angaben im Alum.-Taschenbuch der Alum.-Zentrale, Berlin, 8. Auflage, 1937).

Legierung	Gattung nach DIN 1713	Zustand	Streckgrenze (0,2%)	Zug-fesigkeit	Dehnung (δ_{10})	Brinellhärte	Wichte γ	Schwind-maß	Wärme-leitzahl	Wärme-ausdeh-nung
			kg/mm²	kg/mm²	%	kg/mm²	g/cm³	%	$\frac{cal}{cm\ s\ °C}$	$\frac{1}{°C \cdot 10^6}$
Amerikanische Legierung	GAl-Cu	Sandguß	6—10	12—16	3—5	50—70	2,9	1,25	0,34	25
		Kokillenguß	8—12	12—18	2—3	60—75		1,40		
Neonalium	GA -Cu	Sandguß	11—15	17—20	0,3—1,2	80—100	2,9	1,25	—	22
		Kokillenguß	15—22	18—24	0,2—0,5	90—120				
RR 53 (Hiduminium)	GAl-Cu-Ni	Sandguß unvergütet	12—15	17—19	1—2	70—80	2,7	1,25	0,40	22
		Sandguß vergütet	23—28	25—30	0,5	125—140				
		Kok.-Guß unvergütet	12—15	19—21	0,5—1	75—85				
		Kok.-Guß vergütet	26—33	28—36	0,3—0,6	136—150				
Y Legierung	GAl-Cu-Ni	Sandguß unvergütet	—	16—19	0,3—0,6	85—95	2,8	1,3	0,34—0,37	23,5
		Sandguß vergütet	18—22	23—27	0.3—0,8	90—100				
		Kok.-Guß unvergütet	—	21—25	0,3—1,0	95—105				
		Kok.-Guß vergütet	20—23	24—30	0,5—1,0	95—105				

2. großer Verschleißwiderstand bei hoher Temperatur (Warmhärte).

3. leichte Vergießbarkeit für die Herstellung der dünnen Kühlrippen.

Als Analyse eines gewöhnlichen Zylindergusses mit günstigem Gefüge und brauchbaren mechanischen Eigenschaften (bei mehr als 5 mm Wandstärke) ist z. B. zu nennen:

3,0 — 3,35 C; 1,7 — 2,0 Si; 0,75—0,90 Mn; 0,10—0,13 S; 0,15—0,20 P; wobei (C + Si) $\approx$ 5—5,1 betragen soll.

Härte:	190—240 Brinell
Zerreißfestigkeit:	25—32 kg/mm²
Biegefestigkeit:	36—52 kg/mm²

Eine wesentliche Erhöhung der Verschleißfestigkeit ist bei diesem Material z. B. durch Zusatz von etwa 0,5% Molybdän bei gleichzeitig höherem Phosphorgehalt (0,7 bis 0,9%) erzielbar. Allerdings ist Molybdän in Deutschland schwer zu beschaffen. Als Ersatz von ähnlich verschleißmindernder Wirkung kommen nach amerikanischen Erfahrungen Vanadin- und Titan-Zusätze in Frage. Bei vanadin-legierten Zylindern rechnet man mit 0,2 bis 0,3% Vanadium und 1% Phosphor. Die Vergießbarkeit wird bei solchen Zusätzen naturgemäß schlechter, sodaß Gießversuche angestellt werden müssen, um die günstigste Herstellungsweise für eine bestimmte Zylinderkonstruktion zu finden und den Ausschuß wie auch die Mehrkosten so klein wie möglich zu halten.

Leichtmetall:

Für das Material des Zylinderkopfes ist neben den allgemeinen Festigkeits- und Gießeigenschaften die Wärmeleitfähigkeit und die Wärmebeständigkeit entscheidend. Man verwendet hier vielfach GAl-Cu-Legierungen, wie z. B. die „amerikanische Legierung" oder die selbst-härtende Legierung Neonalium (γ = 2,85 bis 2,9), die neben etwa 2% Cu noch 1,7% Mg enthält. Wird eine noch höhere Warmfestigkeit verlangt, so kommen die vergütbaren GAl-Cu-Ni-Legierungen in Frage. Zu dieser Gruppe gehören die bekannten Legierungen Y und RR 53.

In Zahlentafel 3 sind die Stoffwerte einiger gebräuchlicher Gußlegierungen zusammengestellt. Außerdem wird auf das Normblatt DIN 1713 verwiesen.

Zur Einschränkung des Sparstoff-Verbrauchs sucht man neuerdings mit geeigneten Umschmelzlegierungen auszukommen und hat hierbei beachtliche Ergebnisse zu verzeichnen.

IV. Die Wärmeabgabe an die Kühlluft.

Bei der dritten Wärmeübergangsstufe von der äußeren Zylinderfläche an die Kühlluft, dem Kernproblem aller Gestaltungsfragen für die Anwendung der Luftkühlung, bestehen zwischen den maßgebenden Einflußgrößen ziemlich enge Wechselbeziehungen, die hier nur in den Grundzügen angedeutet werden können.

Die Kühlfläche F_K setzt sich am Rippenzylinder mit der Rippenzahl p aus der Gesamtrippenfläche $p \cdot F_R$ und der restlichen Mantelfläche F'_Z zusammen. An der Wärmeabfuhr ist F_R jedoch nur mit einem bestimmten Wirkungsgrad η_R beteiligt, der die relative Wirksamkeit der Rippen gegenüber der Wärmeabgabe eines gleich großen Teils der Rohrmantelfläche F'_Z angibt. Die Grundgleichung der Stufe c des vorigen Abschnitts lautet daher in Übertragung vom glatten Rohrzylinder auf den Rippenzylinder:

$$Q_K = \alpha_L \cdot F_K \cdot (t_Z - t_L) = \alpha_L (F'_Z + p \cdot \eta_R \cdot F_R) \cdot (t_Z - t_L) \text{ kcal/h}$$

In einer wärmetechnischen Untersuchung von W. Repenthin[22]) ist das Kühlproblem am Flugmotorenzylinder in schrittweiser Entwicklung, ausgehend vom einfachen Rohrzylinder und unter Berücksichtigung der am Rippenkörper aerodynamisch bedingten Verluste, eingehend behandelt

---

[22]) W. Repenthin: „Die Kühlungsbedingungen für den luftgekühlten Motor", Ingenieur Archiv (J. Springer, Berlin), III. Band, 1. Heft, März 1932.

worden. Danach wird die Kennziffer α_L für den Wärmeübergang auf der Luftseite bestimmt

vom Luftzustand: γ, c_{pm}, λ_L und λ_Z der Luft in Abhängigkeit von t_L und t_Z,

vom Bewegungszustand der Luft: Geschwindigkeit v_L und Wirbelungsgrad β,

vom Rohrdurchmesser D_Z.

Das Abhängigkeitsgesetz hat mit den hier gewählten Bezeichnungen die Form:

$$\alpha_L = K \cdot \beta \frac{\lambda_Z}{D_Z^{0,214}} \cdot \left(\frac{v_L \cdot c_{p_m} \cdot \gamma}{\lambda_L}\right)^{0,786} \quad \text{kcal/m}^2\,\text{h}\,^0\text{C},$$

wobei die quantitative Übereinstimmung mit den tatsächlichen Verhältnissen nur unter Aufstellung einer Gesamtwärmebilanz auf Grund praktischer Versuche durch Anpassung des Erfahrungsfaktors K an den Einzelfall herbeigeführt werden kann.

Einige Berechnungsmethoden für die Wärmeübertragung durch Rippen findet man u. a. auch bei E. Schmidt[33]), Kamm[34]) und Löhner[35]).

Für eine theoretische Vorausbestimmung der günstigsten Rippenabmessungen (F_K und η_R) sind die Rechnungsgrundlagen bei der engen Verkettung der zahlreichen Einzeleinflüsse zu unbestimmt. Die Schwierigkeiten liegen am Wagenmotor teils in den unterschiedlichen aerodynamischen Vorbedingungen (Querstrom, Längsstrom, Wirbelung), teils in den Eigenschaften der verschiedenen Zylinderbauarten (Hubraumgröße, Hubverhältnis, Werkstoff, Ventilanordnung, thermische Beanspruchung usw.), teils in den Einbauverhältnissen. Die z. Zt. im Verkehr befindlichen Motorentypen nach Abschnitt F geben über die Vielfalt der Gestaltungsmöglichkeiten hinreichenden Aufschluß.

Nicht zuletzt gibt aber die Tatsache den Ausschlag, daß die der obigen Gleichung zugrundeliegende Annahme einer über Länge und Umfang des Zylinders gleichmäßigen Temperaturverteilung in Wirklichkeit nicht zutrifft. Zur Angleichung der Kühlung an die örtlich verschiedene Wärmebelastung führt man in der Regel die Rippenhöhe und z. T. auch den Rippenabstand nach Bedarf verschieden aus. Die Einheitlichkeit wird auch dadurch gestört, daß mancherlei Hindernisse (Zylinderkopf-Befestigung, Steuerung, Gaskanäle, Zündkerze usw.) bei der Anordnung der Kühlfläche auftreten. Kühlluftgeschwindigkeit, Rippenwirkungsgrad und WUZ sind infolgedessen am Zylinder ebenfalls örtlich verschieden.

Repenthin unterteilt aus diesem Grunde den untersuchten Flugmotorenzylinder in 3 Zonen, für die der obige Ansatz entsprechend verschiedene Mittelwerte des Wärmeübergangs ergibt. Durch diese Abgrenzung der veränderlichen Kennwerte der Wärmeabfuhr gelangt Repenthin, gestützt auf eingehende Messungen, zu einer Reihe von Darstellungen der funktionellen Verbundenheit von v_L, α_L, η_R und t_Z, die eine Vorstellung der tatsächlich am Motorzylinder auftretenden Unterschiede der Wärmeabgabe, jedoch nur für den untersuchten Fall, vermitteln.

Die Lösung solcher Aufgaben hängt sehr davon ab, ob experimentelle Unterlagen vorhanden sind, die sich zur Anwendung auf die betreffende Zylinderbauart tatsächlich eignen. Überwiegend muß sich der Fahrzeugmotorenbauer in der Praxis auf seine Erfahrung verlassen. Falls keine Vorversuche gemacht werden können, wird er sich damit begnügen müssen, die aus der bisherigen Entwicklung bekannten gesetzmäßigen Zusammenhänge möglichst sorgfältig zu berücksichtigen und auf diese Weise wenigstens ein angenähertes Bild der an seiner Motorkonstruktion voraussichtlich

---

[33]) E. Schmidt: „Die Wärmeübertragung durch Rippen", Z. d. VDI, 1926, Nr. 26 u. 28.

[34]) W. Kamm: „Das Kraftfahrzeug", Verl. J. Springer, Berlin 1936, Abschn. 26.

[35]) K. Löhner: „Die Entwicklung luftgekühlter Motoren mit Gebläsekühlung", ATZ 1933, Heft 14 und 15.

erreichbaren Kühlwirkung und Temperaturverteilung zu gewinnen. Unbedingt sollte er sich den Ausweg nachträglicher Verbesserungsmaßnahmen durch Modelländerung, Regulierung der Kühlluftmenge und der Kühlluftverteilung (Leitbleche) offen lassen.

Die auf die Wärmeabfuhr einwirkenden Faktoren unterteilen sich nach Repenthin in die nicht beeinflußbaren Größen (Witterungseinflüsse) und in die konstruktiv veränderlichen Größen (Aerodynamisch abhängige Faktoren).

1. Witterungseinflüsse.

Die Ausgangsbedingungen für den Kühlvorgang sind durch den jeweiligen Kühlluftzustand gegeben. Ebenso wie eine Belastungsänderung des Motors oder ein anderweitiger Eingriff in den Wärmezustand sucht auch jede Abweichung der Kühlluft vom Normalzustand eine Verlagerung des normalen Gleichgewichtszustandes in der Wärmebilanz herbeizuführen, wobei die Zylinderwandtemperaturen t_Z und t_i solange steigen oder fallen, bis ein neuer Beharrungszustand der Wärmeabfuhr eingetreten ist. Nach dem Grad dieser Störungseinflüsse richtet sich der Sicherheitsabstand, der für t_i nach oben vorhanden sein muß, damit der zulässige Höchstwert der Betriebstemperaturen im Motor auch beim Zusammentreffen ungünstiger Umstände nicht überschritten wird.

Sehr geringfügig ist unter den Witterungseinflüssen die Wirkung, die der Luftdruck b für sich allein auf den Wärmeübergang ausübt. Steigender Barometerstand ergibt eine gewisse Zunahme der Wärmeabfuhr, zugleich aber auch zunehmende Motorleistung durch höheren Anfangsdruck im Zylinder.

Der Feuchtigkeitsgehalt der Luft kommt erst bei höherer Lufttemperatur allmählich zur Geltung. Einerseits begünstigt er die Wärmeleitfähigkeit der Luft und dadurch die Wärmeabfuhrbedingungen, andererseits setzt er infolge des niedrigeren Sauerstoffgehalts der Zylinderladung die Motorleistung herab.

Bei sehr feuchtwarmer Tropenluft von 40° C, 735 Torr würde z. B. ein Feuchtigkeitsgrad von 80%, da der Wasserdampfanteil bei diesem Luftzustand an der Nebelgrenze 7,5% beträgt, einen Leistungsabfall von $0{,}8 \cdot 7{,}5 = 6\%$ gegenüber der Leistung bei trockener Luft gleichen Zustandes verursachen. Die Wärmebeanspruchung erfährt infolgedessen durch die Luftfeuchtigkeit auf doppeltem Wege eine Entlastung. Der Einfluß ist jedoch im normal vorkommenden Bereich unbedeutend.

Die Veränderlichkeit der Lufttemperatur t_{L_e} kommt, für sich betrachtet, in einer bedeutenden Änderung des Wärmeüberganges zum Ausdruck, denn die Kühllufttemperatur t_L schwankt als Mittelwert zwischen der Eintrittstemperatur t_{L_e} und der Austrittstemperatur t_{L_a} mit den jahreszeitlich auftretenden Temperaturänderungen der Außenluft in ziemlich weiten Grenzen. Ihr Einfluß erstreckt sich auf $(t_Z - t_L)$, α_L und η_R. Nach einem in der Abhandlung von Repenthin enthaltenen Schaubild steigt die Wärmeabfuhr bei einer Außentemperatur von —30° C auf den 1,52 fachen Betrag des normalen Wertes. Bei + 35° C hingegen beträgt sie nur 85%. Dies entspricht zahlenmäßig etwa einer Änderung von Q_K, die man in der Wärmeübergangsgleichung durch einfachen Austausch der t_L-Werte erhalten würde. Hiernach wäre Q_K etwa proportional dem Temperaturunterschied zwischen Zylinder und Kühlluft, wenn t_Z tatsächlich konstant bliebe.

Im allgemeinen ändern sich die Luftzustandswerte, Temperatur und Druck, aber nicht selbständig, sondern gemeinsam, so daß die veränderliche Luftwichte γ als Maßstab der Wärmeabfuhr vorzuziehen ist. Es ist festgestellt, daß die Wärmeabfuhr der Änderung von γ annähernd verhältnisgleich, und zwar mit einer geringfügigen, praktisch belanglosen Abweichung folgt.

Nach der Beziehung

$$\frac{N_i}{N_{i_0}} = \frac{b \cdot T_0}{b_0 \cdot T} = \frac{\gamma}{\gamma_0}$$

wird aber in erster Annäherung, wenn man die natürliche Vorwärmung des Gemisches im Saugkanal unberücksichtigt läßt, gleichzeitig auch das Ladegewicht im Zylinder, d. h. die indizierte Motorleistung von der Luftwichte γ bestimmt. Da ein Anstieg der inneren Wandtemperatur t_i als Folge einer verminderten Wärmeabgabe bei einer hohen Kühllufttemperatur t_L überdies auch von sich aus eine Verkleinerung des Liefergrades η_l zu bewirken sucht, und zwar durch Steigerung der Anfangstemperatur des angesaugten Gemisches, kommt im Ergebnis eine weitgehende Anpassung der inneren Wärmezufuhr an die verminderte äußere Wärmeabfuhr zustande. Die Folge ist, daß die Zylinderwandtemperaturen sich unter diesen Umständen garnicht oder nur unwesentlich verändern. Nach dem Bericht von Repenthin sind am Flugmotor zur Prüfung des Verhaltens der Zylindertemperaturen bei veränderlichem Luftzustand planmäßige Messungen im Bereich folgender Grenzfälle vorgenommen worden:

Barometerstand b:	715 bis 735 Torr
Lufttemperatur t:	—30 bis +35° C
rel. Luftfeuchtigkeit:	35 bis 90%.

Diese Messungen haben bestätigt, daß die untersuchten Variationen trotz der starken Schwankungen der abgeführten Wärmemenge hinsichtlich der höchsten Zylinderwandtemperatur in nur unbedeutendem Ausmaß zum Ausdruck kommen. Die Abweichung vom Normalwert betrug innerhalb der obigen Grenzen im allgemeinen nicht mehr als 10 bis 20° C. Damit ist die außerordentlich große Unempfindlichkeit der Luftkühlung gegen Witterungseinflüsse zur Genüge gekennzeichnet. Daß der Gesamtwärmezustand des luftgekühlten Motors (Schmieröl im Ölsumpf, Triebwerk, Gehäuse) im übrigen den äußeren Temperatur-Einwirkungen der Jahreszeit in demselben Maße unterworfen ist, wie es bei jedem wassergekühlten Motor der Fall ist, liegt auf der Hand.

2. Konstruktiv veränderliche Einflußgrößen.

a) Kühlluftmenge und -geschwindigkeit.

Auch bei konstanter Eintrittstemperatur t_{L_e} ist der Durchschnittswert $t_L = \frac{t_{L_e} + t_{L_a}}{2}$ nicht eindeutig bestimmt, denn die Austrittstemperatur t_{L_a} richtet sich nach dem Grad der Erwärmung der Luft auf dem Wege durch die Kühlrippen.

Die Erfahrung zeigt zunächst, daß sich ein Rippenzylinder in gewissen Grenzen sowohl mit einer relativ großen Luftmenge bzw. Luftgeschwindigkeit bei entsprechend geringer Steigerung Δt_L als auch auf umgekehrte Weise wirksam kühlen läßt. Solange die Gebläseleistungskurve noch einigermaßen flach verläuft, besteht für den Konstrukteur, wie sich noch zeigen wird, ein gewisser Spielraum für die gegenseitige Abstimmung von Kühlrippenform und -oberfläche, Luftdurchtrittsquerschnitt und Luftmenge. Es kommt hierbei sehr darauf an, welchen Wärmezustand man in der Maschine mit diesen verschiedenen Mitteln erreicht und welche Einflüsse der Bauart, der Herstellungskosten, der Unterbringung des Motors im Fahrzeug usw. gleichzeitig zu berücksichtigen sind.

Die führenden Baumuster luftgekühlter Wagenmotoren weisen aus diesem Grunde keineswegs einheitliche Kennwerte der Kühlung auf und es ist schwierig, die Vorteile und Nachteile der verschiedenen Maßnahmen im Einzelfall gegeneinander abzuschätzen.

Bei sehr hoch gesteigerten Werten der Luftgeschwindigkeit und der Luftmenge ändert sich aber das Bild rasch, da der immer stärker zunehmende Leistungsverlust am Gebläse schließlich größer wird als der noch erreichbare Nutzen an indizierter Leistung, sodaß die Nutzleistung infolgedessen absinkt. Um eine etwa nachträglich notwendig werdende Verbesserung der Kühlverhältnisse durch mehr Kühlluft nicht zu teuer erkaufen zu müssen, soll man den Entwurf bei Verwendung der heute üblichen Gebläsebauarten von vornherein so anlegen, daß man zunächst mit einer möglichst kleinen Luftmenge und mit einer mittleren Strömungsgeschwindigkeit (30—40 m/s) auskommt. Bei gegebener Kühlfläche und Rippenform wird die Mindestgrenze der Luftmenge von der noch zulässigen Betriebstemperatur des Zylinders und von den davon abhängigen Betriebstemperaturen der übrigen Motorteile (klopffreie Verbrennung, Kolbentemperaturen, Lagertemperaturen usw.) bestimmt. Rechnerisch ist die stündliche Kühlluftmenge

$$L = \frac{Q_K}{(t_{L_a} - t_{L_e}) \cdot c_{p_m}} \quad \text{m}^3/\text{h}$$

und die je m³ Kühlluft zugeführte Wärmemenge

$$q_L = \frac{Q_K}{\text{L}} = c_{p_m} \cdot (t_{L_a} - t_{L_e}) \quad \text{kcal/m}^3,$$

wobei man in der Praxis für den Wagenmotor bislang höchstens mit einer Temperaturerhöhung $\Delta t_L = t_{L_a} - t_{L_e} = 90 - 20 = 70^0$ C rechnet.

Damit beläuft sich der mittlere Temperaturunterschied zwischen Zylinderwand und Kühlluft auf $(t_Z - t_L) \approx 100^0$ C.

Die maximale Strömungsgeschwindigkeit stellt sich naturgemäß im engsten Durchschnittsquerschnitt F_L ein. Dieser liegt im allgemeinen in der Mittelebene zwischen den benachbarten Zylindern, also an einer Stelle, wo die Kühlluft etwa ihre mittlere Temperatur t_L angenommen hat. Infolgedessen vergrößert sich die wirkliche Luftgeschwindigkeit, auf diesen Querschnitt bezogen, gegenüber der kalten Kühlluft auf

$$v_L = v_{L_e} \cdot \frac{T_L}{T_{L_e}} \quad \text{m/s}.$$

Mit den vorgenannten Durchschnittszahlen würde also die Geschwindigkeit an dieser Stelle immerhin auf

$$v_L = v_{L_e} \cdot \frac{273 + 55}{273 + 20} = 1{,}12\ v_{L_e} \quad \text{anwachsen.}$$

Für die Austrittsgeschwindigkeit v_{L_a} würde sich bei gleichbleibendem Querschnitt (verkleidete Kühlrippen mit konstanter Rippenhöhe) der doppelte Zuwachs, d. h. eine Steigerung auf $1{,}24\ v_{L_a}$ ergeben. Eine Berücksichtigung der Lufterwärmung durch entsprechende Querschnittsanpassung ist daher dringend am Platze.

b) Kühlluftführung am Rippenzylinder.

Dem Bestreben nach geringem Leistungsverbrauch des Gebläses stehen die Verluste durch örtliche Luftwirbel gegenüber. Im Bereich stehender Wirbelfelder verhält sich die Wärmeabfuhr im Verhältnis zum Leistungsaufwand bekanntlich sehr ungünstig. Bei der Umspülung eines runden Rippenzylinders, besonders im Querstrom, und mehr noch des Zylinderkopfes und der Gaskanäle ist die Entstehung von Abflußwirbeln infolge plötzlicher Änderung der Durchflußweite unvermeidbar. Dasselbe ist bei vorgelagerten Anbauteilen (Saugrohr, Stoßstangen, Zündkerze, Einspritzdüse usw.) der Fall.

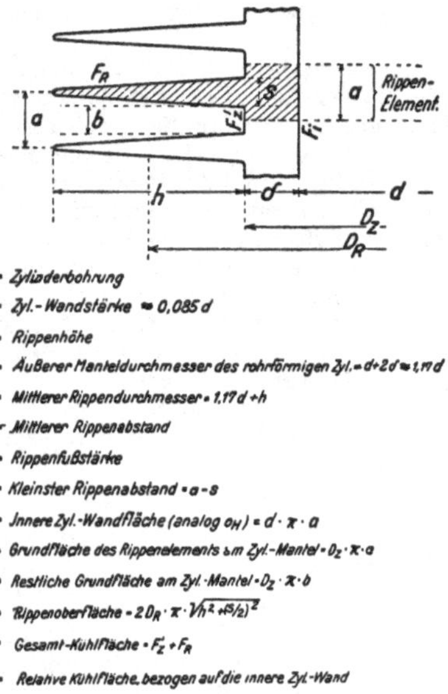

Bild 13.
Kühlrippen-Element am Laufzylinder

Der Einfluß der Wirbelbildung ist als von der Zylinderbauart abhängige Größe rechnerisch nicht zu erfassen. Konstruktiv läßt sich aber beim Entwurf des Zylinders sehr viel dagegen tun. Die wirksamste Verbesserung ist dadurch erzielbar, daß man, soweit die Bauart es zuläßt, den Zylinder mit Luftleitblechen oder Führungswänden, die die Strömungsgeschwindigkeit der zunehmend wärmer werdenden Kühlluft möglichst konstant halten, umkleidet. Die Führung des Luftstroms an den Kühlrippen entlang vermindert die ungleichmäßige Temperaturverteilung und die Wirbelverluste auf der Windschatttenseite, sie steigert durch die höhere örtliche Strömungsgeschwindigkeit der Kühlluft den Wirkungsgrad der Kühlrippen und die Ausnutzung der vorhandenen Luftmenge. Für den gebläsegekühlten Wagenmotor sollte daher hauptsächlich der am Zylinder durch Leitmittel gelenkte Kühlluftstrom in Frage kommen, während bekanntlich der Zylinder des Kraftradmotors, der bei Einzelanordnung oder auch wegen seiner kleinen Abmessungen die Unterbringung einer größeren spezif. Kühlfläche gestattet, vom freien Luftstrom angeblasen wird.

c) Kühlfläche.

Zur Erfüllung der Wärmeübergangsgleichung mit einem Kleinstbetrag an Kühlluft ist nach der bereits an anderer Stelle klar herausgestellten Forderung eine möglichst große Kühlfläche erforderlich, die unter Einhaltung eines noch genügend weiten Durchtrittsquerschnitts für die Kühlluft untergebracht werden muß. Entscheidend sind hierbei Rippenzahl und Rippenform.

Ohne Zweifel ist von den verfügbaren konstruktiven Mitteln die Kühlfläche $F_K = (F'_Z + F_R)$ diejenige Einflußgröße, die einer willkürlichen Veränderung am leichtesten zugänglich ist, und zwar über den Anteil F_R. Betrachtet man ein Kühlrippenelement am runden Laufzylinder nach der Darstellung in

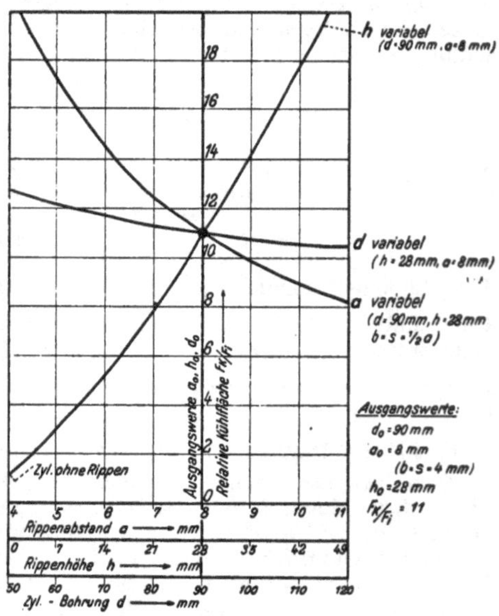

Bild 14. Beeinflussung der relativen Kühlfläche am Rippenzylinder mit verschiedener Bohrung und Rippenform durch Änderung einer der Einflußgrößen bei Konstanthaltung der übrigen

Bild 13, so ist rechnerich leicht festzustellen, welchen Einfluß die einzelnen Konstruktionsgrößen auf die Kühlfläche ausüben.

Bild 14 zeigt das Ergebnis. Danach läßt sich die Kühlfläche F_K im Verhältnis zur inneren Wandfläche Fi durch Wahl enger und hoher Rippen sehr ausgiebig vergrößern. Die Schaulinien für h und a steigen zunehmend und teilweise sogar schneller als in der 1. Potenz. Der Wirkungsgrad der Wärmeabfuhr geht aber, wie noch gezeigt wird, unter den gleichen Umständen mehr und mehr zurück.

Leider muß man sich am Wagenmotor bei der Unterbringung der Kühlfläche aus verschiedenen Gründen Beschränkung auferlegen. Vor allem wird man am Reihenmotor die Rippenhöhe gerade am engsten Luftquerschnitt zwischen den benachbarten Zylindern nicht größer ausführen wollen als man für den Zylinderabstand zugestehen kann. Wenn irgend möglich, bringt man verständlicherweise in dieser Hinsicht nicht gern ein Opfer an Motor-Baulänge und -Baugewicht.

Ein genügend großer Luftquerschnitt an dieser Stelle wurde aber bereits aus Gründen der Kühlluft-Erwärmung gefordert. Beachtenswert ist dabei — was aus Bild 14 nicht hervorgeht —, daß eine Veränderung des Zwischenraumes b und der Rippenstärke s am Rippengrund (Bild 13) bei gegebenem Abstand a einen nur ganz unbedeutenden Einfluß auf F_K/F_i hat. Man kann daher diese beiden Konstruktionsmaße nach anderweitigen Rücksichten (Kühlluftquerschnitt, Rippenwirkungsgrad, Herstellung) bestimmen.

Es gibt Sonderausführungen, wie z. B. die Bauart von Seld, bei denen die üblichen geschlossenen Ringrippen unterbrochen und die einzelnen flossenartigen Rippenstücke so versetzt zueinander angeordnet sind, daß bei üblichem Abstandsmaß a eine etwas vergrößerte Kühlfläche bei gleichzeitig verbesserter Ausnutzung des Kühlluftstromes erzielbar ist. Für ein in dieser Weise aufgelockertes Kühlrippensystem mit zahnförmigen Rippen gelten sinngemäß die gleichen Richtlinien. Das erforderliche Druckgefälle wird allerdings größer.

Man hat auch Untersuchungen mit nadelbesetzten Kühlflächen angestellt, und zwar mit dem Ergebnis, daß sich die gesamte Kühlleistung bedeutend senken läßt. Danach erscheint die Nadel dort ein gegebenes Kühlelement, wo nur geringe Luftmengen zur Verfügung stehen und dafür relativ hohe Druckverluste in Kauf genommen werden können[26]).

Was schließlich den Einfluß der Zylinderbohrung d in Bild 14 betrifft, so bewirkt eine Vergrößerung dieses Maßes bei sonst gleichen Rippenabmessungen naturgemäß eine Verminderung der relativen Kühlfläche. Bei einem Vergleich mit der $(o_H + o_C)/v_H$-Kurve in Bild 11 kommt man zu folgenden allgemeinen Feststellungen:

1. Der spezif. Kühlflächenbedarf wächst mit zunehmendem Hubraum, insbesondere mit zunehmender Bohrung beträchtlich. Die relative Verminderung der Mantelfläche F_Z gegenüber dem Hubraum verlangt einen Ausgleich durch Steigerung des F_R-Anteils, d. h. durch größere Rippenhöhe und Rippenzahl.
2. Da die Steigerung des F_R-Anteils praktisch begrenzt ist, wird die in einem gegebenen Zylinder erzielbare Höchstleistung, sofern Füllung, Kolbengeschwindigkeit usw. nicht schon vorher eine Grenze ziehen, von der Kühlung unmittelbar bestimmt. Mit dieser schon aus früheren Erörterungen bekannten Feststellung wird der Vorteil einer großen, gut verteilten Kühlfläche nochmals unterstrichen.

d) Rippenform.

Die Aufrechterhaltung des Wärmeabflusses durch die Kühlrippen umfaßt 2 Aufgaben: Die Durchleitung (Konduktion) der Wärmemenge

[26]) R. Focke: „Die Nadel als Kühlelement", ZdVDI, Bd 87, Nr. 11/12, März 1943.

vom Rippenfuß zur Rippenoberfläche und die Ableitung (Konvektion) von der Oberfläche an die Kühlluft.

Luftquerschnitt und Gewichtsrücksichten fordern für die Rippenfußstärke s bei gegebener Rippenzahl die Beschränkung auf den Mindestwert. Der Mindestwert von s ist zunächst dadurch bestimmt, daß kein Wärmestau beim Eintritt der Wärme aus der Zylinderwand in die Kühlrippe auftreten darf; er ist also eine Funktion der vorhandenen Rippenhöhe.

Vergleicht man dünne Stahl- und Aluminiumrippen für Flugmotorenzylinder miteinander vom Standpunkt des Gewichts[27]), so zeigt sich, daß die für den Wärmedurchfluß günstigste Stärke im umgekehrten Verhältnis zur Leitfähigkeit des Materials steht und daß die Aluminiumrippe mehr als $2^1/_4$mal so viel Wärme an die Kühlluft überträgt wie die ebenso schwere Stahlrippe mit den entsprechend kleineren Abmessungen. Hieraus läßt sich auf einen nur geringen Unterschied der Wärmeübertragung für den Fall gleichgroßer Abmessungen schließen, eine Folgerung, die man in der Praxis auch bestätigt findet (vgl. Bild 33 nebst Erläuterungen).

Als praktisch brauchbarste und meistverwendete Rippenform kann, abgesehen von ganz dünnen, schwer herstellbaren Rippen, nicht der rechteckige Querschnitt gelten, sondern die nach außen verjüngte Form mit nahezu dreieckigem Querschnitt. Diese Form ergibt bei guten Eigenschaften der Wärmeübertragung nicht nur größere freie Luftquerschnitte, sondern gleichzeitig Ersparnisse an Material und Gewicht, und zwar ohne Einbuße an Haltbarkeit am Rippengrund. Außerdem erfüllt der konische Auslauf die Forderung des Formers in der Gießerei nach einem Anzug von mindestens 2 bis $2\frac{1}{2}^0$. Bei gedrehten Rippen kann die für den Dreher durch den schrägen Einstich entstehende unbedeutende Erschwerung in Anbetracht der übrigen Vorteile in Kauf genommen werden. In jedem Fall muß der Rand allerdings noch stark genug sein, damit das Material beim Gießen sauber ausläuft bzw. beim Bearbeiten oder beim Transport des Zylinders nicht allzuleicht ausbricht.

Den zweiten Teil ihrer Aufgabe, die Wärmeabgabe an die Kühlluft, kann die Kühlrippe, wie schon angedeutet, nur mit einem bestimmten Wirkungsgrad η_R, der sich nach Form, Anordnung und Luftzufuhr richtet und daher am Zylinder örtlich verschieden groß ist, erfüllen. Die Begrenzung des Leistungsaufwandes für die Kühlung und der unterbringbaren Kühlfläche erfordert eine möglichst gute Ausnutzung der von der Luft bestrichenen Fläche.

Das Abhängigkeitsverhältnis zwischen F_R, η_R und α_L ist aber nur auf empirischen Wege zu klären und daher der Hauptgegenstand der über das Gebiet der Luftkühlung veröffentlichten Abhandlungen.

Die in diesen Arbeiten [8, 22, 25, 27, 28, 29]) enthaltenen Erfahrungsgrundlagen beziehen sich sämtlich auf den vom Luftstrom quer angeblasenen Flugmotorenzylinder. Auf sie gründet sich die vorherrschende Stellung der Luftkühlung im Flugmotorenbau. Der Konstrukteur des luftgekühlten Wagenmotors kann sich auf ähnliche Forschungsarbeiten aus dem eigenen, engeren Fachgebiet nicht stützen. Er ist daher darauf angewiesen, die am Flugmotor gewonnenen wissenschaftlichen Erkenntnisse auf die Verhältnisse des Wagenmotors zu übertragen. Hierbei sind folgende Unterschiede zwischen Flugmotor und Wagenmotor zu beachten:

Betriebsanforderungen:

Die auf reinen, konstanten Dauerbetrieb zugeschnittenen Leistungswerte des aufgeladenen Flugmotors liegen gegenüber den Leistungswerten des auf ein weites Drehzahlfeld eingerichteten Wagenmotors wesentlich

[27]) Arnold E. Biermann: „The Design of Metal Fins for Air-cooled Engines", SAE-Journal, Sept. 37.

[28]) A. E. Biermann u. B. Pinkel: „Heat Transfer from Finned Metal Cylinders in an Airstream", N.A.C.A. Technical Report Nr. 488, 1934.

[29]) Carlton Kemper: „Fin and Cylinder-Baffle Design for Air-Cooled Engines". SAE-Journal, Oktober 1934.

höher[30]). Die Kühlungsbedingungen beider Motorarten sind daher nicht ohne weiteres miteinander vergleichbar.

Kühlluftbedarf:

Im Luftfahrzeug liefert der in Flugrichtung aufgefangene Kühlluftstrom einen sehr hohen Staudruck. Bei den heutigen Fluggeschwindigkeiten tritt die Kühlluft mit 60 bis 100 m/s und mehr in den Stauraum. Wäre der Flugmotor mit einem Kühlgebläse ausgerüstet, so würde die Leistung zur Erzeugung der Kühlluftgeschwindigkeit ganz oder teilweise erspart werden, wenn der Luftaustritt durch geeignete Leitkanäle mit der gleichen Relativgeschwindigkeit entgegen der Flugrichtung erfolgt. Es wäre alsdann nur die Leistung zur Deckung der Druckverluste aufzubringen, die durch die Umlenkungen der Kühlluft am Motor und durch die Oberflächenreibung an den Kühlrippen entstehen.

Am Wagenmotor zwingt jedoch der außerdem noch zur Beschleunigung der Kühlluft erforderliche, variable Leistungsaufwand im Gebläse dazu, mit viel kleineren Höchstwerten an Luftmenge und Anblasdruck auszukommen. Die angewendeten Luftgeschwindigkeiten liegen oft weit unter 50 m/s.

Kühlflächenbedarf:

Trotz des großen verfügbaren Anblasdruckes ist der Kühlflächenbedarf des Flugmotors so hoch, daß er mit der am Wagenmotor üblichen Rippenform nicht auskommen würde. Der Grund liegt in den großen Zylinderabmessungen und in den hohen Literleistungen.

Um eine spezif. Kühlfläche der bei Wagenmotoren üblichen Größenordnung, beispielsweise von 7000 cm^2/l oder mehr[21]), an einem großräumigen Flugmotorenzylinder unterzubringen, bedarf es im Gegensatz zum Wagenmotor sehr eng gestellter, dünner Kühlrippen, die, soweit es sich um den runden Laufzylinder handelt, nur durch allseitige Bearbeitung herstellbar sind[31]), wobei Baugewicht und Materialaufwand eine ausschlaggebende Rolle spielen und die unter diesem Gesichtspunkt wärmetechnisch günstigsten Rippenabmessungen mit den heutigen Mitteln noch nicht einmal erreicht werden können[27]).

Herstellungsfragen.

Auf dem Wege ständig verbesserter Herstellungsmethoden ist man heute in der Luftfahrt zu etwa folgenden Rippenabmessungen gelangt:

Stahlrippen am Laufzylinder (bearbeitet)

Stärke $s = 0{,}5$ mm
Abstand $a = 2$ mm
Höhe $h = 15$ mm bis 25 mm

Leichtmetallrippen am Zylinderkopf (im Sonderverfahren gegossen)

Stärke $s = 1{,}6$ bis 2 mm
Abstand $a = 4$ bis 5 mm
Höhe $h = 40$ bis 80 mm

Diese Dimensionen geben einen Begriff von den Herstellungsschwierigkeiten und -kosten des modernen Flugmotorenzylinders. Größte Sorgfalt beim Ausdrehen der Stahlrippen aus dem vollen, geschmiedeten Material bzw. ein Höchstmaß an gießtechnischer Kunstfertigkeit beim Einformen und Abgießen des Zylinderkopfes sind die Voraussetzungen für ausreichende Wärmeabfuhr im Flugbetrieb.

Am Zylinder des Wagenmotors ist eine für die heutigen Leistungswerte noch auskömmliche Kühlfläche in Anbetracht der kleineren Abmessungen mit weit weniger kostspieligen Mitteln erreichbar. Der Konstrukteur wird nicht abstreiten, daß ihm die Anbringung der nötigen Kühlfläche je nach der Zylindergröße mehr oder weniger Sorgen macht, aber in erster Linie deshalb, weil er die Rippenabmessungen

[30]) E. Vohrer: Luftwissen 1939, Heft 9 und 10.
[31]) George J. Mead: „Aircraft Powerplant Trends", SAE-Journal, Okt. 1937.

vornehmlich nach rein praktischen Erwägungen wählen muß und hierfür bereits bei der Festlegung der Zylinderabstände vor schwierigen Entscheidungen steht, die die Betriebseigenschaften der Maschine später grundlegend beeinflussen.

Die Verhältnisse liegen also am Wagenmotor anders als am Flugmotor. Im Vordergrund steht die möglichst einfache und billige Serienerzeugung. Dabei treten notgedrungen die Gewichtsrücksichten zurück. Im Hinblick auf den Formvorgang und auf die Lebensdauer der Formeinrichtung sind Rippenstärken und -abstände erforderlich, die auch bei ziemlich abgenutztem Metallmodell noch brauchbare Abgüsse erzielen lassen.

Weiter kommt hinzu, daß der fertige Motorzylinder einer rauhen Behandlung in der Werkstatt und beim Transport gewachsen sein muß.

Schließlich erfordern auch die Betriebsumstände selbst (geringer Anblasdruck, Verschmutzung der Luftwege bei Traktoren und bei Heeresmotoren durch den Staubgehalt der Kühlluft) gebieterisch einen genügend großen Rippenabstand.

Aus diesen Gründen ist am luftgekühlten Wagenmotor heutiger Bauart die Anwendung gegossener, unbearbeiteter Kühlrippen allgemein üblich. Als Grenze einer noch wirtschaftlichen Herstellung in der Gießerei können etwa die in Bild 14 gewählten Ausgangswerte der Rippenform gelten. Mit Einschluß der bei einer allmählich erneuerungsbedürftig gewordenen Formeinrichtung in Frage kommenden Stärkenmaße beträgt bei den roh gegossenen Kühlrippen des Wagenmotors

die Fußstärke	:	3,5 bis 4 mm
die äußere Randstärke	:	1,5 bis 2,2 mm
der Abstand	:	8 bis 10 mm
die Höhe (in Strömungsrichtung)	:	bis 40 mm

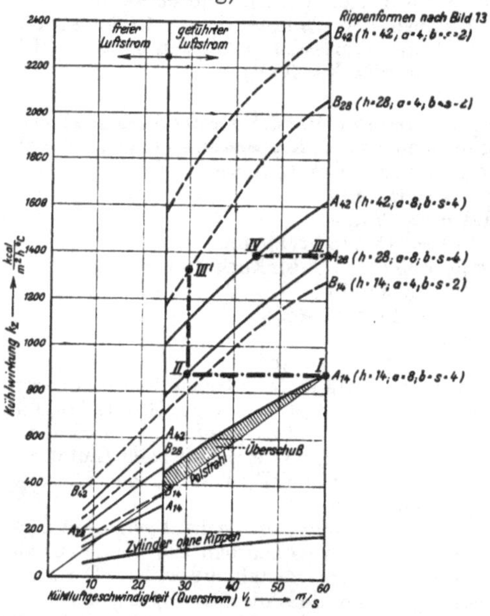

Bild 15. Kühlwirkung verschiedener Rippenformen am unverkleideten und am verkleideten Modellzylinder ($D_Z = 160$ mm ∅), bezogen auf 1 m² Grundfläche des Zyl.-Mantels und auf 1° C Temperaturunterschied zwischen Zylinder und Kühlluft, in Abhängigkeit von der Kühlluftgeschwindigkeit (nach Löhner)

Die günstigste, praktisch brauchbare Rippenform wird somit am Wagenmotor von dem Grundsatz der Preiswürdigkeit bestimmt. Die Art des Gießverfahrens spricht hierbei in starkem Maße mit. Andererseits liegt es auf der Hand, daß sich bei Befolgung der im Flugmotorenbau herrschenden Herstellungsrichtlinien auch hier eine Steigerung der Kühlwirkung (z. B. zur Einhaltung möglichst kleiner Zylinderabstände) und der Hubraumausnutzung (z. B. mit Zweitaktmotoren) erzielen läßt. Ob der eiserne Zylinder mit allseitig bearbeiteten Rippen oder die Anwendung von Leichtmetall den Vorrang erhalten wird, ist eine Angelegenheit der künftigen Entwicklung. Verschiedene Anzeichen und Gründe (u. a. Anblasdruck, Temperaturverteilung, Lohnkosten, Fabrikationsausschuß) sprechen für die

Leichtmetallausführung, doch ist die Frage noch völlig offen. Für beide Lösungen bestehen bereits praktische Beispiele.

3. Kühlwirkung.

Die unter dem Einfluß von α_L, F_R und η_R erzielbaren Werte der Wärme übertragung sind für verschiedene Rippenformen und Luftgeschwindigkeiten bei frei angeblasenem Laufzylinder und bei durch Leitmittel geführtem Luftstrom in Bild 15 und 16 aufgetragen, und zwar als Kühlungsfaktoren k_Z. Die beiden Darstellungen beziehen sich auf die früheren Messungen von K. Löhner[25]) an bearbeiteten Modellzylindern aus gepreßtem Lautal mit einer Bohrung $d = 135$ mm und einem Manteldurchmesser $D_Z = 160$ mm. Sie gelten für quergerichteten Luftstrom und in Anbetracht der damaligen Fluggeschwindigkeiten für Luftgeschwindigkeitswerte bis $v_L = 60$ m/s.

Den ausgezogenen Schaulinien der Form A liegen die am Wagenmotor zur Anwendung kommenden, in gegossener Ausführung noch wirtschaftlich herstellbaren Rippenabmessungen zugrunde. Zum Vergleich sind für die gestrichelt dargestellten Kurven der Form B die Maße der Rippenstärke und des Rippenabstandes nur halb so groß gewählt wie für Form A. Für diese schwachen Abmessungen kommen nur voll bearbeitete Rippenzylinder, z. B. für Motoren mit eng aneinanderstehenden Zylindern in Frage, die unmittelbar aus einer bisher wassergekühlten Bauart unter Beibehaltung des vorhandenen Kurbelgehäuses und Triebwerks entstanden sind.

Als Bezugsgröße der Kennwerte k_Z für die Kühlwirkung gilt nach Löhner die Mantelfläche des Versuchszylinders, d. h. die Grundfläche $F_Z = D_Z \cdot \pi \cdot a$. der verschieden großen, konzentrisch zur Bohrung angeordneten Rippen (vgl. Bild 13). In der Dimension deckt sich der Kennwert k_Z mit der nach gleichen Gesetzen veränderlichen Wärmeübergangszahl α_L. Begrifflich besteht der Unterschied, daß sich α_L, wie schon berichtet, unabhängig von der Kühlfläche $F_K = (F'_Z + \eta_R \cdot F_R)$ verändert, während k_Z den Einfluß der variablen Rippenfläche, die über der gegebenen Zylinder-Mantelfläche angeordnet werden kann, sowie den Wirkungsgrad η_R unmittelbar enthält. Demnach ist $Q_K = k_Z \cdot F_Z (t_Z - t_L)$.

Für den Konstrukteur des luftgekühlten Wagenmotors liegt der Wert dieser Schaubilder hauptsächlich in der Feststellung der darin wieder gegebenen Zusammenhänge zwischen Kühlfläche, Rippenform und Wärmeabfuhr. Einer unmittelbaren zahlenmäßigen Übertragung steht an sich entgegen, daß man am Wagenmotor kleinere Zylinderabmessungen und als Baustoff kein bearbeitetes Leichtmetall, sondern in der Regel Grauguß mit rauher Rippenoberfläche verwendet. Die aus diesen Unterschieden für den Wärmeübergang abzuleitenden Einflüsse sind aber einander entgegengesetzt gerichtet, denn die spezif. Kühlwirkung eines bestimmten Rippenquerschnitts wird nach bisheriger Feststellung bei der Anwendung auf kleinere Zylinderabmessungen verbessert und auf der anderen Seite durch den Übergang auf Eisen verschlechtert. In der Annahme, daß sich hierdurch ein gewisser Ausgleich ergibt, kann man die Zahlenwerte von Löhner mit einiger Vorsicht immerhin zur Beurteilung der am Wagenmotor mit solchen Rippenformen erzielbaren Kühlwirkung heranziehen. In der Praxis kommt man hiermit eher zum Ziel als mit langwierigen Rechnungen auf unsicherer theoretischer Grundlage.

Aus Bild 15 und 16 geht folgendes hervor:

1. Mit zunehmender Kühlluftgeschwindigkeit steigt die Kühlwirkung beträchtlich. Der Anstieg wird zwar bei größerer Luftgeschwindigkeit infolge Abnahme des Rippenwirkungsgrades allmählich geringer, ist aber bei 60 m/s durchweg noch ziemlich steil. Die günstigste Luftgeschwindigkeit liegt etwa im Bereich von 20 bis 40 m/s.

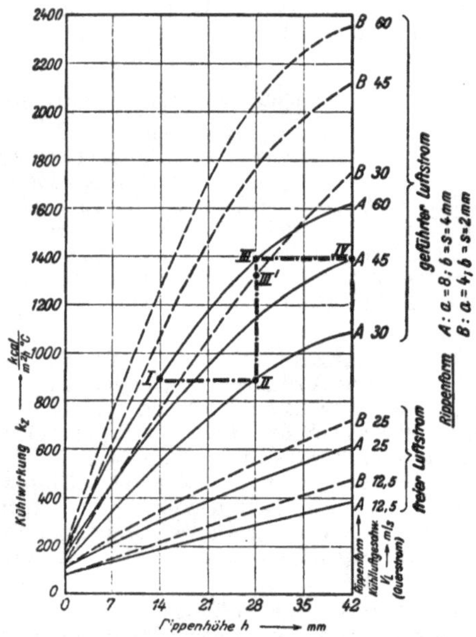

Bild 16. Kühlwirkung verschiedener Rippenformen am unverkleideten und am verkleideten Modellzylinder ($D_Z = 160$ mm ∅), bezogen auf 1 m² Grundfläche des Zyl.-Mantels und auf 1° C Temperaturunterschied zwischen Zylinder und Kühlluft, bei verschiedener Kühlluftgeschwindigkeit in Abhängigkeit von der Rippenhöhe (nach Löhner)

2. Die Kühlwirkung beträgt am unverkleideten Zylinder nur etwa $^1/_2$ bis $^2/_3$ der Kühlwirkung am verkleideten Zylinder.

3. Der Wärmeübergang steigt mit zunehmender Rippenhöhe und mit abnehmendem Rippenabstand bzw. größerer Rippenzahl, doch wird der Anstieg ebenfalls immer kleiner, d. h. der Rippenwirkungsgrad nimmt bei Vergrößerung der spezif. Kühlfläche ab. Über 50 bis 60 mm wird eine weitere Vergrößerung der Rippenhöhe bei geführtem Luftstrom wertlos.

4. Eine bestimmte Kühlwirkung ist, worauf schon hingewiesen wurde, sowohl mit kleiner Luftgeschwindigkeit und großer Rippenhöhe als auch auf umgekehrtem Wege erzielbar (Beispiele I—II und III—IV). Eine Verdoppelung der Rippenhöhe entspricht im Falle I—II dem halben Bedarf an Kühlluftgeschwindigkeit. Hierbei ergeben sich etwa gleichgroße Luftmengen, weil sich der Luftquerschnitt auch annähernd verdoppelt. Da die kleine Luftgeschwindigkeit einen weit kleineren Anblasdruck erfordert, sind entsprechend Ziff. 3 hohe Rippen grundsätzlich günstiger als niedrige Rippen, insbesondere vom Standpunkt des Leistungsaufwandes für das Gebläse.

5. Wie aus den Hilfslinien II—III und II—III' hervorgeht, ist bei entsprechender Rippenhöhe mit einer Verdoppelung der Kühlfläche durch Halbierung des Rippenabstandes und der Rippenstärke ungefähr ebensoviel Kühlwirkung zu erreichen wie mit einer Verdoppelung der Luftgeschwindigkeit. Im Beispiel II—III' bleibt die Größe des Luftquerschnitts ziemlich unverändert, also auch die Luftmenge.

Enge schwache Rippen sind daher, wie auch Ziff. 3 zeigt, grundsätzlich günstiger als weite, starke Rippen, insbesondere vom Standpunkt der Kühlluft-Ausnutzung.

6. Für gegebene Kühlverhältnisse ermittelt man das ungefähr zu erwartende Temperaturgefälle ($t_Z - t_L$) zwischen Laufzylinder und Kühlluft nach folgendem

Beispiel:

Gegeben:

Zylinder: $v_H = 0{,}5$ l; $\varepsilon = 5{,}5$

Rippenform A: $h = 28$ mm

Luftgeschw.: $v_L = 45$ m/s (geführter Luftstrom)

Zyl.-Außen∅: $D_Z \approx 1{,}17$ d (Bild 13)

mittl. Wärmebelastg.: $q_H = 140000$ kcal/m²h (Bild 11)

Ergebnis:

Kühlwirkung $k_Z = 1150$ kcal/m² h °C (Bild 15)

$$\text{Temp. Gefälle:} \quad (t_Z - t_L) = \frac{140000}{1{,}17 \cdot 1150} = 105^0 \text{ C}.$$

Für $t_L = \frac{t_{L_e} + t_{L_a}}{2} = \frac{20 + 90}{2} = 55^0$ C ist dann die mittlere Temperatur der äußeren Zyl.-Wand: $t_{Z_m} = 160^0$ C, die mittlere Temperatur der inneren Zyl.-Wand (nach Abschnitt D III): $t_{i_m} \approx 185^0$ C.

7. Gegenüber dem Polstrahl in Bild 15 ergibt sich im mittleren Drehzahlbereich, wie die schraffierte Fläche andeutet, ein gewisser Zuschuß an Kühlwirkung. Dieser Mehrbertrag fällt anteilig um so größe aus, je größer die maximale Kühlluftgeschwindigkeit oder die Rippenhöhe bzw. je kleiner der Rippenabstand gewählt wird. Dadurch entsteht gegenüber der Steigerung, die der durch Kühlung abzuführende Wärmeanteil bei abfallender Motordrehzahl nach Bild 8 aufweist, ein mehr oder weniger großer Ausgleich (vgl. Abschnitt DI 2).

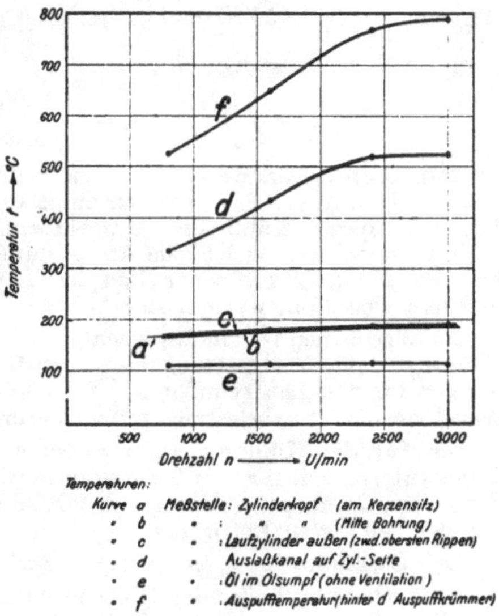

Bild 17. Temperaturmessungen bei Vollast am Phänomen-Motor „Granit 27"

Bei Ausnutzung dieses günstigen Umstandes kann man es erforderlichenfalls im Gegensatz zu Bild 9 erreichen, daß im Gebiet des größten Drehmoments kleinere Betriebstemperaturen auftreten als bei der Höchstleistung (Bild 17).

Ein solcher Temperaturverlauf erscheint in erster Linie bei Maschinen, die sehr häufig mit hoher Belastung und mittlerer Drehzahl betrieben werden, angebracht, also bei Motoren für Lastwagen (Bergfahrt, Anhängerbetrieb) und für Traktoren. Er ist außerdem für untengesteuerte Motoren durch Senkung der Temperatur der Abgase und an der kritischen Stelle zwischen Auslaßventil und Zylinderbohrung von Bedeutung.

E. Kühlluftförderung.

I. Leistungsaufwand zur Kühlung.

Hat man im Vorentwurf des Motors die günstigste Rippenform und Kühlluftgeschwindigkeit v_L (in m/s) und aus dem zugrundegelegten Zylinderabstand durch Planimitrieren den für den Luftdurchtritt in Schattenprojektion verfügbaren freien Querschnitt F_L (in m²) bestimmt, so erhält man den stündlichen Luftbedarf aus

$$L = 3600 \, v_L \cdot F_L \ \text{m}^3/\text{h},$$

gültig für die mittlere Lufttemperatur t im Querschnitt F_L. Diese Temperatur kann über

$$\Delta t_L = t_{L_a} - t_{L_e} = \frac{Q_K}{L \cdot c_{pm}} \ ^\circ\text{C mit } c_{pm} \text{ in kcal/m}^3\,^\circ\text{C}$$

ermittelt werden und dient an Hand der gegebenen zahlenmäßigen Richtlinien zur Nachprüfung der Entwurfsgrundlagen bezüglich einer auskömmlichen Kühlwirkung der vorhandenen Kühlfläche. Bei Rippen mit wechselnder Rippenhöhe h ist die unrunde Form des Rippenrandes durch Einführung des aus Fläche und Umfang bestimmbaren äquivalenten Durchmessers $D_{ae} = \frac{4F}{U}$ zu berücksichtigen.

Für Motoren üblicher Bauart und Hubraumausnutzung gilt die Faustregel, daß je Minute und je PS größter Motor-Nutzleistung eine Kühlluftmenge von 1 m³ erforderlich ist. Dieser Wert ergibt sich überschlägig mit einer Kühlluftererwärmung auf etwa 75 °C, d. h. mit

$\Delta t_L = t_{L_a} - t_{L_e} = 55\ ^\circ\text{C}$ und $\frac{Q_K}{N_0} \approx 1000$ kcal/PSh aus der obigen Beziehung durch Umformung auf

$$\frac{L}{N_0} = \frac{Q_K}{N_0 \cdot \Delta t_L \cdot c_{pm}} \approx \frac{1000}{55 \cdot 0{,}31} \approx 60\text{m}^3/\text{PSh}.$$

Man darf dieser Regel zwar nur richtungweisende Bedeutung beimessen, denn in der Praxis treten durch den Einfluß von Zylinderbauart, Drehzahl, spezif. Kühlfläche, Rippenform, Lage des Auspuffkanals zum Kühlluftstrom usw. erhebliche Abweichungen nach oben und nach unten auf. Es gibt aber zahlreiche Beispiele für die diese Rechnung zutrifft, darunter den Volkswagenmotor.

Im allgemeinen ist mit Rücksicht auf den Leistungsbedarf des Gebläses eine wiederholte Verbesserung des Entwurfs notwendig, wobei die Kühlluftmengen für den Laufzylinder und für den Zylinderkopf wegen der unterschiedlichen Wärmebelastung getrennt ermittelt werden müssen.

Die für die Kühlung aufzubringende Leistung ergibt sich aus dem Druckunterschied, der vom Gebläse erzeugt werden muß, um die Luft durch den freien Querschnitt zwischen den Kühlrippen hindurchzupressen, sowie aus der benötigten Luftmenge.

Der Staudruck $p_s = (p_0 + \Delta p_s)$ kg/m² liefert das Energiegefälle, um die Luftreibung zwischen den Rippenflächen, die Widerstände im Kühlluftkanal und die Wirbelwiderstände zu überwinden und die Kühlarbeit zu verrichten. Zusammen mit dem zur Beschleunigung der Luft auf die Geschwindigkeit v_{L_0} erforderlichen Aufwand ergibt sich die Gesamtleistung unter Berücksichtigung des Gebläsewirkungsgrades η_G bei der Luftdichte $\frac{\gamma}{g} = \varrho$ in kg s²/m⁴ zu

$$N_G = \left(\Delta p_s + \frac{v_{L_0}^2 \cdot \varrho}{2}\right) L_0 \cdot \frac{1}{\eta_G} \text{ mkg/s.}$$

Da v_{L_0} die Austrittsgeschwindigkeit aus dem Gebläsegehäuse (Diffusor), dessen Endquerschnitt hier mit F_{L_0} bezeichnet wird, darstellt, ist auch die Luftmenge L_0 auf die kalte Luft an dieser Stelle, und zwar auf die Sekunde zu beziehen. Sie ist aus der stündlichen, auf t_L erwärmten Luftmenge L im Kühlrippenquerschnitt F_L durch Gleichsetzung der sekundlichen Luftgewichtsmengen bestimmbar.

Setzt man den Klammerwert der vorstehenden Gleichung als Gesamtdruckunterschied Δp_g vorsichtig recht hoch mit rund 300 kg/m² ein und bezieht sicherheitshalber $L/N_0 = 60\text{m}^3/\text{PSh}$ auf die kalte Gebläseluft, so erhält man unter Annahme von $\eta_G = 66\%$ ein Verhältnis zwischen Gebläseleistung und Motornutzleistung von

$$\frac{N_G}{N_0} = \frac{\Delta p_g \cdot L}{N_0 \cdot 75\,\eta_G \cdot 3600} = \frac{300 \cdot 60}{75 \cdot 0{,}66 \cdot 3600} = \frac{1}{10}.$$

Hiernach hätte man mit 1 PS Gebläseleistung je 10 PS Motornutzleistung zu rechnen, ein Wert, den man als erste Annahme dem Entwurf bei direktem Gebläseantrieb zunächst vorbehaltlich zugrunde legen kann, da er unter gewöhnlichen Verhältnissen mit einiger Bestimmtheit einzuhalten oder vielleicht noch zu unterbieten ist. In der Praxis findet man diesen Wert jedenfalls häufig bestätigt, und zwar unabhängig von der Bauart und Größe von Motor und Gebläse.

Aus der Leistungsformel geht hervor, daß zur Beschränkung des Leistungsbedarfs für die Kühlung auf den äußerst notwendigen Betrag nicht nur die schon bekannten Maßnahmen am Zylinder (Rippenform, Luftquerschnitt, Verkleidung) wichtig sind. Neben L/N_0 kommt es ebenso entscheidend auf die Betriebseigenschaften des Gebläses (η_G) und auf die Verringerung der Widerstände bei der Zu- und Ableitung der Luft am Motor bzw. am Fahrzeug an (Δp). Der Luftabfuhr aus dem Fahrzeug kommt hierbei die gleiche Bedeutung zu wie dem möglichst ungehinderten Zustrom.

Oft finden die hinter dem Motor innerhalb der Haubenverkleidung auftretenden Wirbel- und Stoßverluste, da sie am Bremsstand nicht ohne weiteres berücksichtigt werden können, zu wenig Beachtung. Normalerweise soll der Motor sich im Sommer auch ohne Entfernen der seitlichen Haubenbleche im Fahrzeug nicht überhitzen, doch kann natürlich selbst der bestgekühlte Motor bei ungeschicktem Einbau notleidend werden.

Demgegenüber kann eine möglichst verlustfreie Abführung der warmen Luft aus der Motorhaube ins Freie durch Anpassung der Austrittsgeschwindigkeit an die im gleichen Sinne veränderliche Fahrgeschwindigkeit den tatsächlichen Aufwand an Gebläseleistung im oberen Drehzahlbereich sehr günstig beeinflussen. Hierzu sind entsprechend bemessene und geformte Leitkanäle (Diffusordüsen), zum mindesten aber genügend weite Luftaustrittsöffnungen in der Haube notwendig. Im allg. verzichtet man auf besondere Luft-Abführungskanäle wegen ihres meist sehr mäßigen Wirkungsgrades. Es ist aber klar, daß die aus dem Fahrwind in das Gebläse übernommene Geschwindigkeitsenergie des Kühlluftstromes zwar die Gebläseleistung verringert, jedoch als ein nutzbarer Gewinnposten für die Vortriebsleistung des Fahrzeugs eben nur in dem Ausmaß nicht verloren ist, wie es gelingt, den Luftwiderstand hinter dem Motor zu verkleinern. In dieser Hinsicht ist die Heckanordnung des Motors im Fahrzeug (Tatra, Volkswagen) sehr von Vorteil, sofern allerdings die Zuführung der Luft zum Gebläse möglichst ungehindert vor sich geht.

In Anbetracht der geringen Fahrgeschwindigkeit in den übersetzten Getriebe-Schaltgängen ist selbstverständlich der dynamische Druckanteil $\frac{v_{L_0}^2 \cdot \varrho}{2}$ für den Wagenmotor bei der Bestimmung der Gebläseleistung genau so voll in Rechnung zu stellen wie für ortsfesten Betrieb. Die auf der Bremse, insbesondere bei Abnahmeläufen erzielten Ergebnisse stellen von diesem Standpunkt aus Mindestwerte der tatsächlich im Fahrzeug bei schneller Fahrt und drosselfreier Luftabfuhr verfügbaren Motor-Nutzleistung dar.

Es versteht sich von selbst, daß die Lösung der Gesamtaufgabe, den Aufwand für die Kühlung in ein möglichst günstiges Verhältnis zur abgeführten Wärmemenge zu bringen, stark von den jeweils vorliegenden Umständen (Personenwagen, Lastwagen, Bauart, Motoranordnung im Fahrzeug, Kostenfrage usw.) beeinflußt wird. Für einen langsam laufenden 4 Zyl.-Lastwagenmotor einfacher, untengesteuerter Bauart ergeben sich naturgemäß andere Voraussetzungen als für den obengesteuerten kurzhubigen Schnelläufer mit 6 oder 8 Zylindern, für dessen Kühlsystem kostspieligere Mittel wie z. B. enger angeordnete Kühlrippen, hochlegierter Zylinderguß, übersetzter Gebläseantrieb, Luftkanäle aus Leichtmetallguß u. dgl. gerechtfertigt sind. Während hier die Motor-Höchstleistung vom Leistungsbedarf des Gebläses möglichst wenig beeinträchtigt werden soll, kann u. U. dort ein Zugeständnis in der Spitze zugunsten eines möglichst hohen Drehmoments oder aus anderen, weiter unten genannten Gründen angebracht sein. Die in der Praxis beschrittenen Wege sind daher, was den baulichen Aufwand für die Luftkühlung und ihren Leistungsanteil betrifft, verschieden.

Grundsätzlich ist das Verhältnis zwischen Leistungsaufwand und Kühlwirkung dadurch gekennzeichnet, daß die Leistung bei gegebenen Rippenabmessungen in Abhängigkeit von v_L zunehmend stärker, nämlich in der 3. Potenz ansteigt und daher im oberen Bereich von den Schaulinien der Wärmeübertragung in Bild 15 immer mehr abweicht. Auf den Leistungsverbrauch bezogen wird die mit steigender Luftmenge erzielbare, zunächst sehr wirksame Verstärkung der Wärmeabfuhr schließlich recht bescheiden, da der anfänglich steilere Kurvenanstieg in einen immer flacheren Verlauf übergeht. Man entschließt sich deshalb im Falle ungenügender Kühlung um so schwerer zu einer Vergrößerung der Luftmenge, je größer die Luftgeschwindigkeit bei der Höchstdrehzahl des Motors bereits ist, und wird gut daran tun, vorher zu prüfen, ob die Verbesserungsmöglichkeiten am Rippenzylinder, in der Kühlluftführung und am Gebläse selbst tatsächlich erschöpft sind.

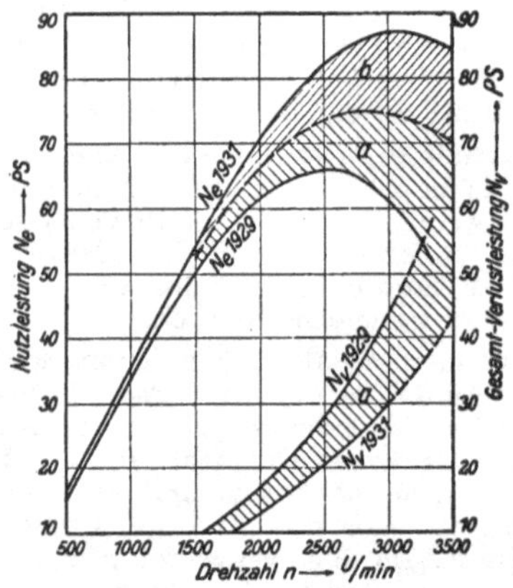

Bild 18. Nutzleistung und Gesamt-Verlustleistung der luftgekühlten 6 Zyl.-Franklin-Motoren Bauart 1929 und Bauart 1931 mit 4,5 Liter Hubvolumen

In Bild 18 sind als aufschlußreiches Beispiel die Kurven der Nutzleistung und der Gesamtverluste (einschl. Pumpverlusten und Gebläseleistung) für die beiden Franklin-Motoren aus den Baujahren 1929 und 1931 wiedergegeben[6]). Bei der Bauart 1929 handelt es sich um eine alte, mit verschiedenen Fehlern behaftete Konstruktion, deren besondere Merkmale in Überkühlung durch zu große spezif. Luftmenge, in schlechter Füllung infolge zu stark erwärmter Einlässe und in zu niedrigem Gebläsewirkungsgrad bestanden.

Die Mehrleistung der neueren, mehrfach verbesserten Bauart (vgl. Zahlentafel 2) wurde ohne Vergrößerung des Hubraumes erzielt, und zwar auf der Seite der unmittelbaren Leistungsverluste durch Verbesserungen am Gebläse, dargestellt in Bild 18 durch die Fläche a, im übrigen gemäß Fläche b durch bessere Kühlverhältnisse am Zylinder (Änderung von Rippenform und Anblasrichtung), durch höhere Verdichtung (5,3:4,7) und durch größere Ventilquerschnitte.

Im Falle der alten Bauart würde die Verlustleistung der Maschine schon bei $n = 3250$/Min. etwa die Größe der Nutzleistung erreichen! Die einschneidende Bedeutung der Gebläseeigenschaften bedarf hiernach keiner besonderen Erläuterung.

Andererseits zeigt gerade die Leistungskurve der alten Bauart, daß man in dem starken Anstieg der Gebläseleistung im Verein mit der Füllungsfrage ein Mittel besitzt, um für bestimmte Zwecke, etwa zur Steigerung der Autobahnfestigkeit des Motors oder zur Verwendung in Geländefahrzeugen der

Nutzleistungskurve absichtlich einen scharf ausgeprägten Knick zu geben und dadurch ohne Anwendung eines Reglers (Drehzahlbegrenzers) eine mißbräuchliche Überbeanspruchung des Motors durch Überdrehen zu verhüten. Höchstwerte und Dauerwerte der Geschwindigkeit bzw. der Drehzahl fallen unter diesen Umständen in der Regel zusammen (Volkswagen).

II. Gebläseanordnung und Anblasrichtung.

Bei vorn im Wagen untergebrachtem, luftgekühltem Motor ist die Anordnung des Gebläses auf dem Vorderende der Kurbelwelle heute noch am häufigsten anzutreffen. Diese Anordnung kann daher als die klassische gelten. Sie findet sich u. a. schon bei den älteren Franklin-Motoren (Bild 19) und ergibt sich mit Rücksicht auf den fast ungehindert von vorn zuströmenden Fahrwind und mit Rücksicht auf eine billige, geräuschfreie Ausführung von selbst. Bei kleineren Motoren hat sich auch die Anordnung eines Sauggebläses auf der Schwungradnabe bewährt.

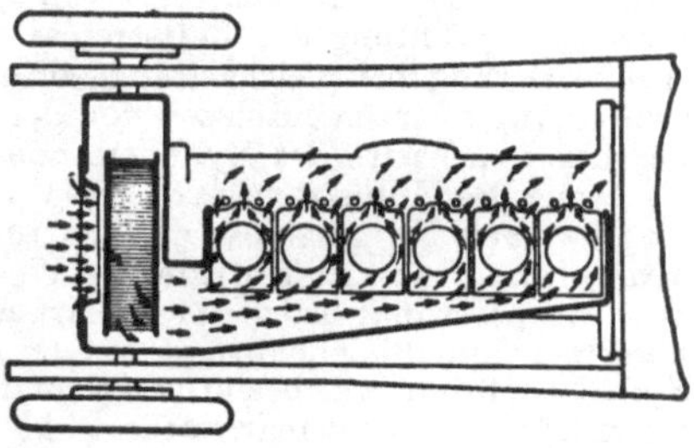

Bild 19. Gebläseanordnung und Kühlluftführung am Franklin-Reihenmotor

Wie leicht vorstellbar, ist man bei direktem Antrieb von der Kurbelwelle aus auf ein Radialgebläse (Schleudergebläse) angewiesen. Durch die von der Rahmenbreite des Fahrzeugs festgelegten Raumverhältnisse ist aber die Umfangsgeschwindigkeit des Gebläse-Laufrades bei den üblichen Motordrehzahlen und Fahrgestell-Konstruktionen auf 50 bis 70 m/s beschränkt. Diese Umfangsgeschwindigkeiten sind zwar an sich mit den derzeitigen Anforderungen noch gut in Einklang zu bringen, doch kommt man immerhin bei langsam laufenden Motoren über 3,5 bis 4 l Hubraum (Lastwagenmotoren, Dieselmotoren) zu ziemlich großen Gebläse-Abmessungen, die einen zwanglosen Einbau in Frage stellen können (Bild 46).

Beim Übergang auf höhere Umfangsgeschwindigkeiten und auf größer Luftmengen ist ein übersetzter Antrieb notwendig. Dieser gestattet eine freizügigere Art der Anordnung (Riemenantrieb bei Tatra und am Volkswagenmotor) und läßt eine nachträgliche Anpassung der Gebläsedrehzahl zu. Bei kleinen, sehr schnellaufenden Gebläsen rückt aber die Frage der ausreichend niedrigen Ansauggeschwindigkeit in der Saugöffnung des Gebläses in den Vordergrund und es ist kein Zweifel, daß bei geeigneter Motorbauart, z. B. bei V-Motoren, die Anordnung von zwei oder mehr Kühlgebläsen (Tatra, Steyr) oder die Verwendung eines Axialgebläses Vorteile bieten kann.

Axialgebläse (Schraubengebläse) besitzen zudem einen hohen Reaktionsgrad, weil das Laufrad nur statischen Überdruck erzeugt. Die am Radialgebläse bei der Umsetzung von Geschwindigkeit in Druck im Diffusor auftretenden Verluste fallen daher am Axialgebläse weg. Hierdurch erklären sich die höheren Wirkungsgrade, die mit solchen Gebläsen erzielt werden können. Die Verwendung von Axialgebläsen am luftgekühlten Motor erscheint nur in Verbindung mit einer sehr hohen Drehzahl und Kühlluftgeschwindigkeit lohnend und befindet sich, fabrikatorisch betrachtet, im Anfang der Entwicklung[32]). Die weiteren Erörterungen bleiben daher auf Radialgebläse als der z. Zt. am Wagenmotor bevorzugten Bauart beschränkt.

Es ist für die Anordnung des Gebläses am Motor sowie für die Ausbildung des Gebläsegehäuses und der Luftzuführung nicht gleichgültig, in welcher Weise die Zylinder vom Luftstrom angeblasen werden sollen.

[32]) Ernst, Schäfer, Eckert: „Entwicklungsarbeiten an luftgekühlten Kraftwagenmotoren und ihren Kühlgebläsen", Dtsche Kraftfahrforschung Heft 67, VDI-Verlag Berlin 1942.

Man findet in der Praxis alle möglichen Bauarten, und zwar bei obengesteuerten Motoren das Anblasen von der Seite, wobei die Ventile quer zum Luftstrom (Volkswagenmotor, Phänomen-Diesel, Tatra, Steudel) oder in Längsrichtung zum Luftstrom (Franklin, Steyr) angeordnet sind, das Anblasen vom Zylinderfuß her an längsgestellten Kühlrippen entlang mit der Ausblasöffnung im Zylinderkopf (Krupp), bei V-Motoren den Querstrom von innen nach außen (Franklin, Steyr) und von außen nach innen (Tatra) usw.

An einem verkleideten Versuchszylinder mit stehenden Ventilen sind vor längerer Zeit im Forschungsinstitut für Kraftfahrwesen und Fahrzeugmotoren an der T. H. Stuttgart von Prof. W. Kamm Versuche über die günstigste Richtung des Luftstromes durchgeführt worden. Die kleinste Anblasleistung bei gleichzeitig niedrigsten und gut verteilten Zylindertemperaturen durch Anblasen von der Ventilseite aus. Wird das Gebläse auf der Gegenseite des Zylinders angeschlossen, so bleibt trotzdem die Richtung des Kühlstromes von der Ventilseite her zweckmäßiger, weil die Ventile auch bei geschlossener Luftführung auf der dem Kühlluftstrom abgekehrten Seite ungünstig liegen. Wenn man schon einen Teil der Wärme vom Auspuffkanal bei dieser Bauart durch entsprechende Rippenanordnung zum Einlaßkanal abzieht, um die Temperaturverteilung an der nahen Zylinderbohrung zu beeinflussen und Verwerfungen des Zylinders zu unterdrücken, so hat man naturgemäß an einem unmittelbaren Auftreffen der kalten Kühlluft auf beide Kanäle, insbesondere auf den Auslaßkanal, besonderes Interesse. In dem vorgenannten Fall wäre daher ein Sauggebläse erforderlich. Das auf der Ventilseite angeschlossene Druckgebläse bleibt jedoch in Bezug auf Leistungsersparnis überlegen (Phänomen).

III. Kühlluftgebläse.

Die folgenden Erörterungen dienen der Einführung in die strömungstechnischen Grundbegriffe des Ventilatorenbaues, soweit deren Kenntnis für die Nutzanwendung am luftgekühlten Motor bei der Konstruktion und im Prüffeld unentbehrlich ist. Für eine eingehendere Unterrichtung auf diesem Gebiet wird auf die Fachliteratur[33]), [34]), [35]) verwiesen.

1. Druckverhältnisse.

Bei der Druckwirkung des Kühlluftgebläses hat man der Art nach zwischen dem dynamischen Anteil zur Fortbewegung der Luft in den Leitkanälen und dem statischen Anteil zur Überwindung der Leitungswiderstände und zur Verrichtung der Kühlarbeit zu unterscheiden. Diese Drücke werden nach der allgemeinen hydraulischen Beziehung

$$\varDelta p = \gamma \cdot h \quad \text{kg/m}^2$$

als Druckhöhe (auch Hubhöhe oder Förderhöhe) bezeichnet und in mm Wassersäule gemessen:

$$h = \frac{\varDelta p}{\gamma} = \frac{\varDelta p}{1000} \; m \text{ oder } = \varDelta p \text{ mm.}$$

Die Gesamt-Druckhöhe $\varDelta p_g = h_g$ des Gebläses ist ein Maß für den Energiegehalt der bewegten Luft im Ausblasquerschnitt F_{L_0}. Sie entspricht dem Klammerausdruck in der N_G-Gleichung des Abschnittes E 1 und stellt die Summe aus potentieller und kinetischer Energie dar. Mit der von Gronwald[33]) angewendeten Bezeichnungsweise ist daher

---

[33]) E. Gronwald: „Zentrifugal-Ventilatoren, ihre Berechnung und Konstruktion", Verl. J. Springer, Berlin 1925.

[34]) Dr. Ing. Bruno Eck: „Ventilatoren, Entwurf und Betrieb der Schleuder- und Schraubengebläse", Verl. J. Springer, Berlin 1937.

[35]) Dr.-Ing. Bruno Eckert: „Das Kühlgebläse des Kraftfahrzeugs und sein betriebliches Verhalten", Dtsche Kraftfahrforschung Heft 51, VDI-Verlag Berlin 1941.

$$h_g = h_s + h_d \text{ mm W.-S.}$$

Der statische Überdruck h_s muß mindestens so groß sein wie die Summe aller Einzelwiderstände im Leitungssystem. Da er am Motor von zahlreichen, der Konstruktion nach unterschiedlichen Widerstandsgrößen wie Wandreibung, Umlenkungen, Rippenzylinder, Anbauteilen usw. abhängt, ist eine rein theoretische Vorausbestimmung nicht durchführbar. Eine direkte Messung am Motor ist aber möglich.

Der Geschwindigkeitsdruck h_d kann andererseits nicht direkt gemessen, sondern nur als Differenz aus den Messungen von h_g und h_s festgestellt werden. Sein Sollwert ist aber aus der geforderten Liefermenge in m^3/s und dem Strömungsquerschnitt in m^2 mit

$$v_{L_0} = L_0/F_{L_0} \text{ m/s}$$

zu berechnen und beträgt (als Mittelwert am Ende des Ausblasstutzens)

$$h_d = \frac{v_{L_0}^2 \cdot \gamma}{2g} \text{ mm W.-S.}$$

Man rechnet am Wagenmotor gewöhnlich mit einem dynamischen Druck von 55 bis 100 mm W.-S. entsprechend einer Luftgeschwindigkeit $v_{L_0} = 30$ bis 40 m/s, doch kommen auch höhere Werte vor. Da diese Zahlen jeweils von der Dichtheit der Blechgehäuse für die Luftführung abhängen, wozu im Falle des Riemenantriebs je nach der Art der Nachstellung noch Schwankungen im Übersetzungsverhältnis kommen, handelt es sich bei solchen Angaben stets um Zahlen von mäßiger Genauigkeit.

Die Messung der Druckhöhen ergibt in der Saugleitung den Unterdruck $h = p_0 - p'$ und in der Druckleitung den Überdruck $h = p'' - p_0$.

Das normale Druckgebläse am Motor besitzt nur eine Druckleitung zu den Zylindern und keine Saugleitung (Bild 19). Infolgedessen fällt eine statische Arbeit vor dem Gebläse fort. Der auf dem Motorenprüfstand erzeugte Gesamtdruckunterschied, d. h. die Differenz der absoluten Drücke dicht vor und hinter dem Gebläse beträgt daher einfach

$$\Delta p_g = p'' - p_0 \text{ kg/m}^2$$

oder manometrisch

$$\Delta p_g = h_s'' + h_d'' = h_g'' \text{ mm W.-S. (auf der Druckseite).}$$

Bei einem Gebläse, das mit der Saugleitung am Motor angeschlossen ist, wird die Luft unmittelbar ins Freie ausgeblasen. Die Druckarbeit setzt sich aus dem Unterdruck in der Gebläse-Eintrittsöffnung und aus dem Geschwindigkeitsdruck im Ausblasquerschnitt zusammen, so daß

$$\Delta p_g = p'' - p'$$

oder manometrisch $\Delta p_g = h_d'' + h_s' + h_d' = h_g' + h_d''$.

Als 3. Fall kommt noch die Messung am Kühlluftgebläse ohne Anschluß des Motors in Betracht. Da hierbei weder eine Saugleitung noch eine Druckleitung vorhanden ist, sind außerhalb des Gebläses überhaupt keine Widerstände zu überwinden. Die Arbeit besteht nur in der Erzeugung der Luftbewegung:

$$\Delta p_g = p'' - p_0 = h_d''$$

2. Verluste.

Aus der Gebläsenutzleistung (Anblasleistung, Förderleistung)

$$N_{G_e} = \frac{\Delta p_g \cdot L_0}{75} \text{ PS}$$

und der von der Kurbelwelle abgenommenen Antriebsleistung N_G ergibt sich der Gesamtverlust $(N_G - N_{G_e})$ innerhalb des Gebläses und der Gesamtwirkungsgrad $\eta_G = N_{G_e}/N_G$ des Gebläses. Die Verluste setzten sich aus den hydraulischen, volumetrischen und gegebenenfalls mechanischen

Verlusten zusammen und gehen auf verschiedene Ursachen zurück, nämlich auf Luftreibungsverluste an der Deckscheibe und in den Schaufeln des Laufrades, Stoßverluste beim Eintritt der Luft in die Luftschaufeln, Spaltverluste zwischen Laufrad und Leitgehäuse, Leitkanalverluste bei der Umsetzung von Geschwindigkeitsenergie in Druckenergie, Wirbelverluste bei zu kleiner Schaufelzahl, Antriebsverluste bei Riemenantrieb oder Zahnradübersetzung usw.

Die Summe dieser Verluste nimmt bei den im Motorenbau vorwiegend gebräuchlichen Radialgebläsen bedeutende Werte an. Der Gesamtwirkungsgrad η_G liegt etwa zwischen 0,5 und 0,65.

3. Wirkungsweise bei unveränderlichem Widerstand und veränderlicher Drehzahl.

Im Falle gleichbleibenden Widerstandes, d. h. am fertigen Motor bestehen zwischen Fördermenge, Druckhöhe und Leistungsverbrauch folgende gesetzmäßigen Zusammenhänge:

Es ändert sich:

a) die Fördermenge proportional mit der Drehzahl:

$$L_2 = L_1 \frac{n_2}{n_1}; \qquad \text{d. h. } \frac{L}{n} = \text{const}$$

b) die Druckhöhe im Quadrat der Drehzahl bzw. der Fördermenge:

$$h_2 = h_1 \cdot \frac{n_2^2}{n_1^2} = h_1 \frac{L_2^2}{L_1^2} \qquad \text{d. h. } \frac{h}{n^2} \text{ und } \frac{h}{L^2} = \text{const}$$

c) die Förderleistung als Produkt von h und L in der 3. Potenz der Drehzahl bzw. der Fördermenge:

$$N_{G_2} = N_{G_1} \cdot \frac{n_2^3}{n_1^3} = N_{G_1} \cdot \frac{L_2^3}{L_1^3}; \qquad \text{d. h. } \frac{N_G}{n^3} \text{ und } \frac{N_G}{L^3} = \text{const}$$

d) die Förderleistung mit der Druckhöhe nach der Beziehung:

$$N_{G_2}^2 = N_{G_1}^2 \cdot \frac{h_2^3}{h_1^3}; \qquad \text{d. h. } \frac{N_G}{(\sqrt{h})^3} = \text{const}$$

Bild 20 und 21 geben einen Überblick über die z. B. am Krupp-Motor M 304 vom Kühlluftgebläse erreichten Leistungswerte[36]) und zeigen u. a.

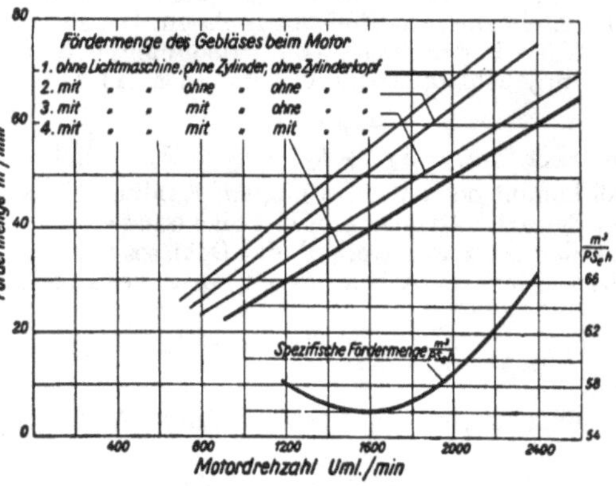

Bild 20. Fördermenge des Kühlluftgebläses am Krupp-Boxer-Motor M 304 (4—90/130) bei verschiedenen Widerständen und Drehzahlen

[36]) M. Hörig: „Aus der Entwicklung der luftgekühlten Motoren", Techn. Mitteilungen Krupp, 6. Jhrg., Heft 1, Februar 1938.

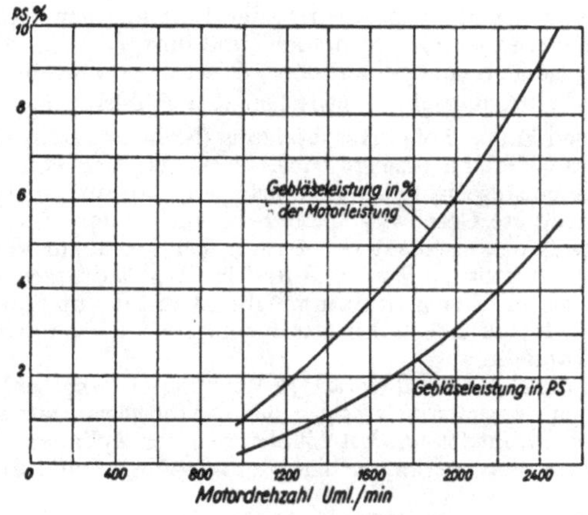

Bild 21. Gebläseleistung am Krupp-Boxer-Motor M 304 in Abhängigkeit von der Motordrehzahl

den linearen Anstieg der Fördermenge mit der Drehzahl und den damit verbundenen starken Zuwachs an Leistungsbedarf für das Gebläse. Die Höchstwerte stimmen mit den angegebenen Richtlinien $L/N_0 = 60$ m³/PSh und $N_G = 0{,}1\, N_0$ PS angenähert überein. Die Abweichung beträgt etwa 10%. Da das Radialgebläse in diesem Falle direkt von der Kurbelwelle angetrieben wird und bei der niedrigen Spitzendrehzahl des Motors mit mäßiger Umfangsgeschwindigkeit arbeitet, liegen hier vom Standpunkt der Kühlluftförderung zeimlich schwierige konstruktive Vorbedingungen vor, so daß die erzielten Leistungsdaten als durchaus annehmbar gelten müssen.

4. Wirkungsweise bei veränderlichem Widerstand und unveränderlicher Drehzahl.

Für den Konstrukteur, der seine Konstruktion mit den Leistungsdaten anderer Motortypen zu vergleichen sucht, steht die Frage nach dem Abhängigkeitsverhältnis zwischen Druckhöhe, Fördermenge und Leistungsaufwand bei der Änderung der angeschlossenen Widerstände und bei gleichbleibender Drehzahl im Vordergrund. Gesetzmäßige Beziehungen bestehen in diesem Falle nicht, so daß nur der Versuch Aufschluß geben kann. Verschiedene Richtlinien verdienen jedoch besondere Beachtung:

a) Der dynamische Druck h_d bleibt bei durchgehend gleichgroßem Leitungsquerschnitt über die Länge der Luftführung solange konstant, wie sich γ nicht ändert. Am Motor ist aber eine Konstanthaltung der Querschnitte beim Übergang zu den Rippenzylindern nur sehr angenähert durchführbar. Außerdem ändert sich bei der Erwärmung der Luft an den Zylindern auch γ bzw. ϱ je nach der Belastung des Motors. Es treten daher Schwankungen in den Strömungsverhältnissen in bezug auf h_d und h_s auf. Jede Umwandlung von Geschwindigkeitenergie in Druckenergie oder umgekehrt geht aber durch die Verzögerung oder Beschleunigung des Luftstromes nur unter zusätzlichen Leistungsverlusten vor sich. Eine möglichst sorgfältige Bemessung der Leitungsquerschnitte mit allmählich verlaufenden Übergängen ist daher unerläßliche Vorbedingung für einen halbwegs guten Wirkungsgrad der Anlage.

b) Der statische Druck h_s und damit der Gesamtdruck h_g nehmen unter der Annahme eines stetigen Querschnittsverlaufs der Luftführung von Anfang an nach Maßgabe der Einzelwiderstände ständig ab. Falls hinter dem Motor nicht noch zusätzliche Widerstände von der abströmenden Luft zu überwinden sind, ist h_s beim Austritt der Luft aus den Kühlrippen bzw. aus der Zylinderverkleidung verbraucht und dort = 0. An dieser Stelle ist somit $h_g = h_d$, jedoch bezogen auf den γ-Wert der erwärmten Kühlluft und auf den Durchtrittsquerschnitt zwischen den Kühlrippen.

Im normalen Fall soll eine Herabsetzung der hohen Luftgeschwindigkeit, die am Laufrad-Umfang erzeugt wird, durch das sich spiralförmig erweiternde Gebläsegehäuse in dem Maße erfolgen, daß am Ausblasstutzen die vom Motor benötigte Geschwindigkeitshöhe vorhanden ist und der dadurch frei gewordene Druck als zusätzlicher statischer Druck zur Verfügung steht. Bei Gebläsen mit sehr großem h_d-Anteil im Ausblasstutzen muß versucht werden, noch hinter diesem Stutzen möglichst viel davon durch allmähliche Verminderung der zu hohen Luftgeschwindigkeit in nutzbaren statischen Druck umzuwandeln.

Dies kann durch eine diffusorartige Wirkung des angeschlossenen Luftkastens mittels langsamer, stetiger Querschnittserweiterung geschehen, sofern der Luftdurchtritt an den Kühlrippen der Zylinder weit genug ist. Je langsamer die Verzögerung erfolgt, um so geringer sind die zusätzlichen Verluste.

Bei besonders großer Platznot (enger Fahrzeugrahmen, niedrige Höchstdrehzahl des Gebläses) wendet man zuweilen absichtlich hohe Ausblasgeschwindigkeiten am Gebläse mit anschließender Querschnittserweiterung an, um die Gehäuseabmessungen klein halten zu können, doch muß dieser Ausweg unter den mäßigen baulichen Voraussetzungen, die vielfach für die Diffusorwirkung des Luftführungskastens gegeben sind, als ein ziemlich fragwürdiges Verfahren gelten.

Bei dieser Gelegenheit sei darauf hingewiesen, daß man durch Anschluß des Vergasers oder des Luftfilters an das Gebläse den Anfangsdruck des Gemisches im Zylinder um den an sich geringen Betrag der Gebläsedruckhöhe heben kann. Die Ladeluftmenge des Motors beläuft sich auf nur ungefähr 5% der Kühlluftmenge und läßt sich am Gebläse vielfach ohne weiteres entbehren oder von vornherein mit einbeziehen. Besonders bei der Verwendung von Hochleistungs-Luftfiltern (z. B. Ölbadfiltern, Zyklon-Reinigern) mit großem Widerstand ist u. U. auf diesem Wege eine fühlbare Verbesserung der Ansaugverhältnisse und der Leistung des Motors zu erreichen, vorausgesetzt, daß es durch eine günstige Vergasereinstellung und Ausbildung der Saugleitung gelingt, Schwierigkeiten im Übergang vom Leerlauf auf Vollgas im Saugsystem (Verschlucken des Motors) zu vermeiden.

c) Je höher der Gesamtwiderstand in der Luftführung bei konstanter Drehzahl ist, um so niedriger ist bei einem gegebenen Gebläse die Fördermenge. Soll die Fördermenge vergrößert werden, weil die Widerstände am Motor zu groß ausgefallen sind, so ist eine größere Umfangsgeschwindigkeit des Laufrades erforderlich. Bei übersetztem Gebläseantrieb kann man sich mit einer Erhöhung der Drehzahl leicht helfen, wobei man allerdings die damit verbundene Steigerung des Leistungsbedarfs in Kauf nehmen muß. Bei direkt angetriebenem Gebläse ist man dagegen an die Motordrehzahl gebunden, so daß man sich vor die Aufgabe gestellt sieht, Änderungen der Luftführung, der Gebläseabmessungen oder der Laufrad-Konstruktion vorzunehmen.

Deckt man also z. B. den Luftaustritt an den Zylindern zur Regulierung der Kühlluft- und Temperaturverteilung teilweise ab, so vermindert sich infolge des höheren Widerstandes die Kühlluftmenge. Die nachträgliche Änderung dieses Querschnitts hat daher praktisch nur Wert, wenn die Liefermenge verkleinert werden darf oder absichtlich verkleinert werden soll. Bei richtiger Anwendung einer solchen Maßnahme kann man allerdings den Wirkungsgrad des Gebläses und die Angleichung der Kühlwirkung an den wirklichen, örtlichen Bedarf u. U. merklich verbessern.

Der Einfluß der einzelnen, den Luftweg drosselnden Bauteile auf die Kühlluftmenge geht aus dem Beispiel des Krupp-Motors in Bild 20 hervor.

Die Lichtanlaßmaschine ist bei diesem Motor aus Kühlungsgründen dicht vor dem Druckgebläse angeordnet und wird von der Kurbelwelle angetrieben (vgl. Bild 0). Sie erzeugt einen zusätzlichen Drosselwiderstand in der Saugöffnung des Gebläses, der immerhin ⅓ des Widerstandes der 4 obengesteuerten Motorzylinder, deren Bauart aus Bild 9 bekannt ist, ausmacht.

d) Die Grenzfälle für die Druck- und Förderleistung sind bei konstanter Drehzahl gegeben:

1) durch das in einen geschlossenen Behälter arbeitende Gebläse mit $h_d = 0$ und $h_g = h_s$.

2) durch das frei aus dem Stutzen seines Spiralgehäuses ausblasende Gebläse mit $h_s = 0$ und $h_g = h_d$.

Der Fall 1) würde am Motor mit Kühlluftregelung im Gebläse-Druckstutzen bei ganz geschlossener Drosselklappe eintreten, sofern man von dem üblichen Sicherheitsdurchlaß absieht. Beim Öffnen stellt die Klappe einen veränderlichen Widerstand dar. Das Gebläse beginnt zu fördern. Es findet nach Maßgabe der freigegebenen Öffnung z. T. eine Umsetzung des statischen Druckes in fühlbaren, dynamischen Druck statt und zwar steigt die Liefermenge solange, bis h_s auf den Wert gesunken ist, der bei voll geöffneter Klappe und gleichbleibender Drehzahl der Summe aller Widerstände im Luftführungssystem einschl. Rippenzylinder entspricht. Diese Widerstände sind, abgesehen von dem veränderlichen Einfluß der Motorbelastung auf die Kühlluftererwärmung, konstant. Erfahrungsgemäß kann man mit der Drosselregelung des Gebläses bei entsprechender Schaufelform des Laufrades einen erheblichen Anteil des Leistungsaufwandes, der bei ungeregelter Kühlluft notwendig wäre, einsparen. Da ein Wagenmotor nur selten mit Vollgas, aber häufig mit hoher Drehzahl betrieben wird, fällt eine solche Ersparnis, bezogen auf die gedrosselte Motorleistung, um so mehr ins Gewicht.

Der nach dem obigen Grenzfall 2) für das frei ausblasende Gebläse mögliche Höchstwert von h_d kann unter normalen Querschnittsverhältnissen der Luftführung am Motor infolge der angeschlossenen Leitungswiderstände nicht auftreten, es sei denn, daß die Kühlluftregelung durch vorheriges Abblasen der nicht benötigten Luftmenge ins Freie erfolgt und daß in der äußersten Regelstellung der Zustrom zu den Zylindern wegen zu kalter Maschine ganz abgesperrt ist. Diese Art der Regelung hat aber im Hinblick auf das günstigere Verhalten der Drosselregelung wenig praktische Bedeutung erlangt.

Zwischen beiden Grenzfällen ändert sich die Gesamt-Druckhöhe bei konstanter Drehzahl in Abhängigkeit von der Liefermenge nach einem für die Schaufelform des Laufrades charakteristischen Verlauf (Gebläsekennlinie). Theoretisch wäre die Druckvolumenkurve eine gerade Linie, die bei der gegebenenen Umfangsgeschwindigkeit für $L = 0$ mit $h_g = \frac{u^2 \cdot \gamma}{g}$ beginnt und je nach dem Schaufelaustrittswinkel mit zunehmender Liefermenge abfällt (rückwärts gekrümmte Schaufeln), konstant verläuft (radial auslaufende Schaufeln) oder ansteigt (vorwärts gekrümmte Schaufeln). Wie von Eck[34]) nachgewiesen worden ist, bleibt diese Kennlinie auch unter dem Einfluß der Minderleistung durch die endliche Schaufelzahl noch linear, solange reibungslose Luftbewegung angenommen wird.

Durch die Reibungs- und Stoßverluste in den Schaufelkanälen und in der Leitvorrichtung werden die theoretischen Kennlinien jedoch parabelförmig verzerrt, wobei die radiale Schaufeltiefe, d. h. das Verhältnis D_e/D_a zwischen Eintritts- und Austrittsdurchmesser des Laufrades für die Stoßverluste eine maßgebende Rolle spielt und sich dahin auswirkt, daß die Äste der Parabel um so steiler abfallen, je größer der Wert D_e/D_a ist.

Bei den weit unterhalb des Normalwertes liegenden Liefermengen des Gebläses werden die Schaufelkanalbreiten nur teilweise von der Luftströmung ausgenutzt. Die dadurch erhöhte Relativgeschwindigkeit ist nach

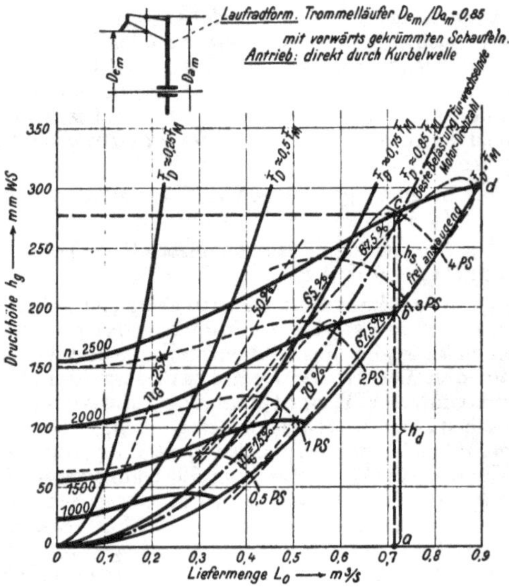

Bild 22. Druckverhältnisse eines Kühlluftgebläses in Abhängigkeit von der Liefermenge, dargestellt durch die Kennlinien von Drehzahl, Ausblasöffnung, Leistung und Wirkungsgrad
(Trommelläufer 372 mm Ø mit vorwärtsgekrümmten Schaufeln.)

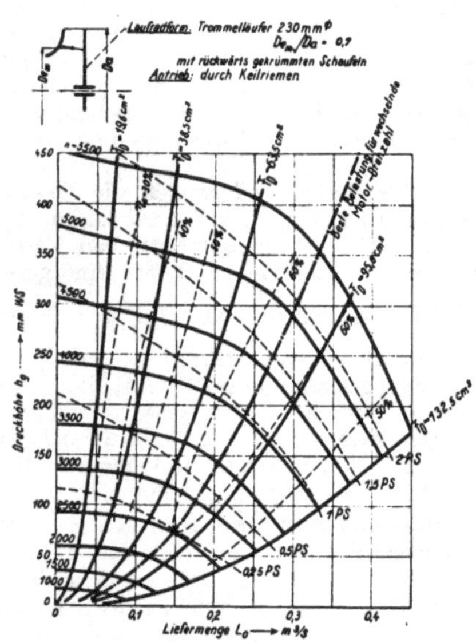

Bild 23. Druckverhältnisse eines Kühlluftgebläses in Abhängigkeit von der Liefermenge, dargestellt durch die Kennlinien von Drehzahl, Ausblasöffnung, Leistung und Wirkungsgrad. (Trommelläufer 230 mm Ø mit rückwärtsgkrümmten Schaufeln; Staurohr 168 mm Ø; Normblenden)

einer von Eck gefundenen Erklärung der Anlaß, daß bei radial endenden und bei vorwärtsgekrümmten Schaufeln im Bereich der bis auf $L = 0$ abnehmenden Liefermenge ein Druckanstieg, d. h. ein Wiederaufrichten der Druckkurve eintritt. Dadurch entsteht der für solche Schaufelformen kennzeichnende, sattelförmig durchgebogene Linienverlauf. Das Ergebnis dieser Einflüsse ist, daß zwischen der theoretischen und der wirklichen Kennlinie an sich sehr wenig Ähnlichkeit besteht und daß die wirkliche Kennlinie allenfalls nach ihrem steigenden oder fallenden Gesamtverlauf noch Rückschlüsse auf die verwendete Schaufelkrümmung erlaubt. So handelt es sich z. B. bei dem in Bild 22 gezeigten Kennfeld, das sich auf das Gebläse eines älteren Motortyps mit hoher Ausblasgeschwindigkeit bezieht, dem Anstieg der Kurven zufolge um ein Laufrad mit vorwärts gekrümmten Schaufeln. Das Bild betrifft einen Trommelläufer mit einem Außen-Durchmesser von 372 mm, dessen Schaufeln zur Vergrößerung der bei plötzlicher Änderung der Motordrehzahl erforderlichen Festigkeit und zur Aufnahme der auftretenden Fliehkräfte breit an die Radscheibe herangezogen sind (vgl. die schematische Darstellung im oberen Teil des Bildes). Im Gegensatz dazu stellt Bild 23 das Kennfeld eines Gebläses dar, dessen Läufer rückwärts gekrümmte Schaufeln aufweist. Es handelt sich hierbei um ein Rad der im Volkswagenmotor verwendeten Bauart und Größenordnung, dessen Kennlinienverlauf in typischer Weise auf diese Schaufelform hindeutet. Die Stärke des Abfalls der Kennlinien ist durch das Durchmesser-Verhältnis $D_e/D_a = 0{,}7$ bestimmt.

Die Bilder 22 und 23 werden im folgenden Abschnitt noch näher erläutert.

5. Gleichwertige Düse.

Zur versuchsmäßigen Bestimmung der Betriebszustände und Leistungsgrenzen von Ventilatoren beliebiger Bauart und Größe kann man die Widerstände, die das Gebläse in der angeschlossenen Luftführung am Motor zu überwinden hat, durch ein kreisförmige Durchflußöffnung (Drosseldüse, Blende, Staurand) künstlich ersetzen. Unter der „gleichwertigen Düse“ F_D wird diejenige Kreisöffnung verstanden, durch die eine der tatsächlichen Kühlluftmenge am Motor entsprechende Luftmenge L_0 unter Einhaltung der zugeordneten Gesamt-Druckhöhe h_g verlustlos ausfließt. Sie ergibt als Maßstab der wirklichen Widerstände im Verhältnis zum Ausblasquerschnitt F_{L_0} die Durchflußziffer

$$\alpha = F_D/F_{L_0}.$$

Wegen $h_g = \left(\frac{L_0}{F_D}\right)^2 \cdot \frac{\gamma}{2g}$ und $h_d = \left(\frac{L_0}{F_{L_0}}\right)^2 \cdot \frac{\gamma}{2g}$ ist $\frac{h_d}{h_g} = \left(\frac{F_D}{F_{L_0}}\right)^2 = \alpha^2$,

so daß mit $h_s/h_g = 1 - \alpha^2$ auch der statische Druckanteil im Ausblasstutzen F_{L_0} bestimmbar ist.

Für die Durchflußmessungen gelten besondere Regeln[37]). Die in der Zeiteinheit wirklich ausfließende Luftmenge unterscheidet sich von der theoretischen durch den vom Öffnungsverhältnis abhängigen Durchflußfaktor α und durch die Expansionsziffer ε gemäß

$$L_0 = \varepsilon \cdot F_D \cdot v_{L_0} = \varepsilon \cdot \alpha \cdot F_{L_0} \cdot v_{L_0} \text{ m}^3/\text{s}.$$

Da die adiabatische Temperaturerhöhung nur 1° C auf je etwa 120 mm-W.-S. beträgt, ist praktisch $\varepsilon = 1$. Somit wird

$$L_0 = \alpha \cdot F_{L_0} \cdot v_{L_0} = \alpha \cdot F_{L_0} \sqrt{\frac{h_g \cdot 2g}{\gamma}} \text{ m}^3/\text{s}$$

[37]) „Regeln für Abnahme- und Leistungsversuche an Verdichtern“, VDI-Verlag, Berlin 1934.

und für normale Barometerstände ($\gamma \approx 1{,}2$)

$$L_0 = 4\,\alpha \cdot F_{L_0} \cdot \sqrt{h_g} \text{ m}^3/\text{s}.$$

Der Konstrukteur kann den Leistungsaufwand zur Förderung der benötigten Kühlluftmenge von 2 Seiten beeinflussen, durch die Gebläsekonstruktion (Druckkurve) und durch die Bauart der Luftführungsanlage (Widerstandskurve). Die Kennlinie des Leitungssystems bzw. des Gesamtwiderstandes ist nach obiger Gleichung eine Parabel $h = \text{const} \,.\, L^2$ (Abschnitt E III 3) durch den Nullpunkt. Der Schnittpunkt mit der Gebläsekennlinie der betrachteten Drehzahl bestimmt den gesuchten Betriebspunkt.

Durch systematische Durchmessung sowie durch Hinzufügung der Leistungskurven und der Kurven gleichen Wirkungsgrades, die in ihrer offenen oder geschlossenen Form den Höhenschichtlinien einer Landkarte ähneln, entsteht ein Kennfeld nach Art von Bild 22 und 23, mit dem man einen klaren Überblick über die Leistungsgrenzen des untersuchten Kühlluftgebläses bei Anschluß verschieden großer Widerstände (F_D-Linien) und über seine Ausnutzung bei allen am Motor auftretenden Betriebszuständen (η_G, n und N_G) erhält.

Wie daraus erkennbar, kann das Gebläse nur in einem bestimmten Betriebsbereich mit seinem günstigsten Wirkungsgrad arbeiten. Die Kenntnis der Gebläsecharakteristik ist infolgedessen notwendig, um beurteilen zu können, welche Maßnahmen erforderlichenfalls zur Verlagerung der wichtigsten Betriebspunkte am Motor in ein Gebiet besseren Wirkungsgrades etwa durch Änderung der Übersetzung, der Ausblasöffnung am Gebläse oder an den Zylindern, der Krümmerverluste in der Luftführung u. dgl. geeignet sind.

Die für den untersuchten Motor maßgebende Widerstandslinie ist in Bild 22 eingetragen. Sie ergibt sich aus dem am kalten Motor im Versuch ermittelten äquivalenten Düsenquerschnitt $F_D = F_M$. Auf dieser Linie liegen alle am Motor vorkommenden Betriebspunkte. Die bei der Höchstdrehzahl des Motors erreichbare Kühlluftmenge ergibt sich aus Punkt d.

Aus den übrigen F_D-Kurven geht hervor, welche Betriebswerte mit dem Gebläse zu erwarten sind, wenn es gegen andere konstante Ausblasöffnungen arbeitet, die kleiner sind als die den wirklichen Widerständen am Motor entsprechende Düsenöffnung F_M. In allen Fällen teilt sich der Gesamtdruck nach der Lage der Widerstandslinie in die verfügbaren dynamischen und statischen Anteile auf (Beispiel: Linien a—b und b—c). Man kann daher aus einem solchen Schaubild alle bisher angedeuteten Zusammenhänge wie Rückgang der Liefermenge bei Vermehrung der Widerstände ($F_D < F_M$), Ausgleich durch Drehzahlsteigerung, Verhalten der Leistungsaufnahme bei Drosselregelung usw. unmittelbar ablesen. Bei völlig abgedrosseltem Gebläse $L_0 = 0$ und voller Drehzahl beträgt lt. Bild 22 die statische Druckhöhe 150 mm WS und die Antriebsleistung 2 PS. Der Rückgang des Leistungsbedarfs ist die Folge der bei vorwärts gekrümmtem Schaufelprofil gleichzeitig mit der Liefermenge abfallenden Kennlinie.

Im dargestellten Fall, Bild 22, handelt es sich um eine Anlage, die im Sinne der früheren Betrachtung einen verhältnismäßig engen Ausblasquerschnitt F_{L_0} mit demgemäß sehr hoher Luftgeschwindigkeit besitzt, an den ein als Diffusor ausgebildeter Luftführungskanal angeschlossen ist. Wie sich bei den Messungen bestätigt hat, ist die Liefermenge und die Antriebsleistung bei freier Ausblasöffnung am Gebläse hier ziemlich ebenso groß wie bei angebauten Zylindern nebst Luftführungskanal. Der Druck im Ausblasstutzen ist dabei sogar etwas höher. Dies läßt einerseits den ungewöhnlich hohen Widerstand bei freier Ausströmung erkennen und andererseits auf einen vorteilhaften Einfluß des als Diffusor wirkenden Luftführungskanals schließen.

Durch diese Diffusorwirkung kommt immerhin ein noch sehr günstiger Wirkungsgrad zustande. Nach der im Bild 22 eingetragenen Linie der besten Belastung, die bei etwa 0,85 F_M liegt, ist anzunehmen, daß sich die Ausnutzung bei betriebswarmen Zylindern sogar noch verbessert, denn diese Belastung dürfte nach früheren Darlegungen, wonach die Erwärmung der Kühlluft an den Zylindern einer Verengung des kleinsten Durchtrittsquerschnittes zwischen den Kühlrippen auf etwa 100/1,12 = 89% gleichkommt, hier im praktischen Betrieb tatsächlich vorhanden sein.

Trotzdem kann aber die Gebläseanlage nach Bild 22 nicht befriedigen, denn der Leistungsbedarf erscheint durch die hohe Luftgeschwindigkeit im engen Ausblasquerschnitt des Spiralgehäuses im Vergleich zu den erfahrungsgemäß erreichbaren Werten als zu hoch und könnte bei gleichgroßer Liefermenge verkleinert werden, sofern man mit einer kleineren Gesamtdruckhöhe auskommt. Es ist zweifellos richtig, die Luftgeschwindigkeit in F_{L_0} nicht größer zu halten als zwischen den Kühlrippen. Als Mittel zur Verbesserung kommt hier, wie sich aus Versuchen ergeben hat, ein kleineres Laufrad mit relativ größerer Ausblasöffnung des Gebläsegehäuses und mit entsprechend kleinerer Luftgeschwindigkeit an dieser Stelle in Frage, vielleicht sogar auch eine Änderung der Schaufelform.

Das durch Bild 23 charakterisierte Gebläse wurde unabhängig vou seiner Verwendung am Volkswagenmotor nach Normvorschrift 37 durchgemessen. Das anschließende Staurohr bis zur Normblende hatte eine Weite von 168 φ. Am VW-Motor liegt die höchste Betriebsdrehzahl des Läufers noch wesentlich höher als die im Kennfeld dargestellte höchste Versuchsdrehzahl von 5500 U/min. Auch die Druckverhältnisse sind dort infolge anderer Widerstände der angeschlossenen Luftführung (2 Ausblas-Kanäle) und je nach der Meßstelle von der Darstellung Bild 23 verschieden.

6. Kennziffern.

Für die Beurteilung von Gebläsen gleicher Bauart und verschiedener Größe verwendet man einheitliche dimensionslose Kennziffern, die als reine Verhältniszahlen aus den gegebenen Konstruktionsgrundlagen gebildet sind. Wenn diese Ziffern für eine Gebläseanlage bestimmter Bauart und Größenordnung bekannt sind, so lassen sich daraus die aerodynamischen Eigenschaften aller geometrisch ähnlichen Ausführungen ableiten. Für den Motorenbauer ist dies bei der Übertragung bestimmter Gebläseeigenschaften auf einen ähnlichen Motor gleicher oder anderer Größe von Bedeutung.

a) Als Kennwert φ der Liefermenge gilt das Verhältnis der wirklichen Luftmenge zur größtmöglichen theoretischen Luftmenge, die sich im Ansaugzustand aus der Umfangsgeschwindigkeit u des Laufrades in m/s und dem voll ausgenutzten Ausblasquerschnitt F_{L_0} in m² ergibt:

$$\varphi = \frac{L_0}{F_{L_0} \cdot u}, \quad \text{worin } u = \frac{D_a \cdot \pi \cdot n}{60} \text{ m/s.}$$

Die Lieferziffer φ hat für jede Blende einen der Öffnung zugeordneten Wert und gestattet bei der Übertragung auf andere Größenverhältnisse die Bestimmung der Drehzahl n und des Laufraddurchmessers D_a.

b) Als Kennwert ψ der Druckhöhe ist das Verhältnis der erreichten Gesamtdruckhöhe h_g zur theoretisch möglichen Druckhöhe, d. h. zum Staudruck der Umfangsgeschwindigkeit zu setzen, nämlich

$$\psi_g = \frac{h_g}{\gamma \cdot u^2/2g} = \frac{h_g \cdot 2g}{\gamma \cdot u^2} = \frac{\varphi^2}{\lambda^2}.$$

Die Druckziffer ψ_g dient zur Ermittlung von h_g bzw. Δp_g und ändert sich mit der Blendenweite. Analog dazu kann man die statischen Druckverhältnisse (ψ_s) bestimmen.

c) Der Kennwert λ der Leistung (Leistungsziffer) stellt das Verhältnis der vom Gebläse aufgenommenen Leistung N_G zur theoretischen Förderleistung dar, also

$$\lambda = \frac{N_G}{\left(F_{L_0} \cdot u\right) \cdot \frac{u^2 \cdot \gamma}{2g}} = \frac{h_g \cdot L_0 \cdot 2g}{\eta_G \cdot F_{L_0} \cdot \gamma \cdot u^3} = \frac{\varphi \cdot \psi}{\eta_G}.$$

In Bild 24 sind die Kennziffern des in Bild 22 untersuchten Kühlluftgebläses wiedergegeben. Beide Schaubilder beruhen auf bisher unveröffentlichten Messungen, die im Forschungsinstitut für Kraftfahrwesen und Fahrzeugmotoren an der T. H. Stuttgart vor Jahren durchgeführt worden sind.

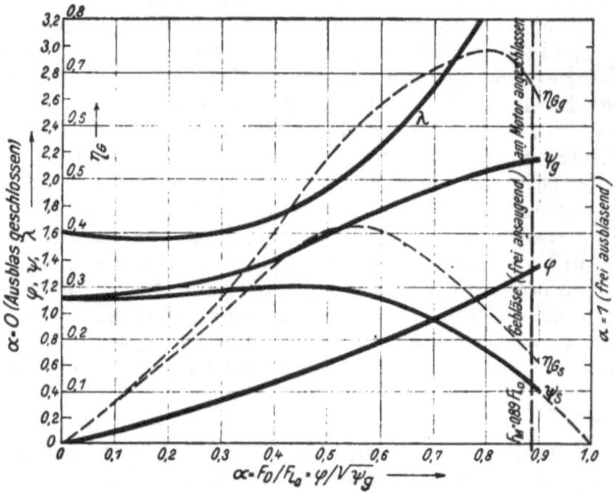

Bild 24. Kennlinien des Kühlluftgebläses nach Bild 22 in Abhängigkeit von der Durchflußziffer

und enthalten sämtliche möglichen Betriebszustände des untersuchten Gebläses. Die besprochene Eigenart dieses praktischen Beispiels früherer Bauart geht auch aus Bild 24 hervor, und zwar aus $\varphi > 1$, wonach die Luftgeschwindigkeit im Ausblasstutzen F_{L_0} größer sein muß als die Umfangsgeschwindigkeit des Laufrades. Ferner erkennt man aus dem hohen Betrag der Druckziffer ψ_g die Verwendung vorwärtsgekrümmter Laufradschaufeln, denn man rechnet nach Eck

für vorwärtsgekrümmte Schaufeln mit $\psi \approx 1{,}6$—$2{,}3$
für radial auslaufende Schaufeln mit $\psi \approx 1{,}0$—$1{,}4$
für rückwärts gekrümmte Schaufeln mit $\psi \approx 0{,}7$—$1{,}2$.

7. Laufradgestaltung.

Im Falle des nachstehend betrachteten direkten Gebläseantriebs, der vom Standpunkt der Gebläsegestaltung am schwierigsten ist, sind dem Motorenkonstrukteur 3 Konstruktionsgrößen gegeben, und zwar die Kühlluftmenge L_0, die Drehzahl n und der Gesamtdruckunterschied h_g, dessen Anteil h_s zunächst aus der Erfahrung geschätzt werden muß. Als veränderliche Konstruktionsgrößen stehen zur Verfügung:

der Laufraddurchmesser D_a,
das Durchmesserverhältnis D_e/D_a,
die Schaufelform (Eintritts- und Austrittswinkel),
die Ausbildung des Leitgehäuses und der angeschlossenen Leitung.

Es bestehen die Forderungen, daß ein möglichst günstiger Wirkungsgrad über ein weites Drehzahlfeld erzielt werden soll und daß sich die Gebläseabmessungen nach den Einbauverhältnissen des Motors im Fahrzeug richten müssen. Diese Rücksichten bestimmen die Bauart des Laufrades und die Schaufelform in entscheidender Weise.

a) Bauart des Laufrades.

Im Hinblick darauf, daß der beste Wirkungsgrad nicht mit dem Betriebspunkt des stoßfreien Lufteintritts in den Schaufelkanal zusammenfällt[34]), empfiehlt es sich, eine etwas vergrößerte Fördermenge L_0' in Rechnung zu setzen. Für die so gegebene Kombination von L_0', n und h_g kommen, was den Laufraddurchmesser und die Beschaufelung betrifft, verschiedene Lösungen in Frage, aber für jede Drehzahl kann nur eine dieser möglichen Lösungen die geringste Verlustziffer aufweisen. Für den Wagenmotor wird man daher nach Erfordernis entweder die Höchstdrehzahl zugrundelegen, um eine möglichst große Motor-Höchstleistung zu erzielen, oder, wie es unter günstigen räumlichen Bedingungen bei Gebrauchsmotoren vorkommt, die im Fahrbetrieb häufigste Drehzahl.

Durch die Bedeutung der Platzfrage am Motor und im Fahrzeug verengt sich die Aufgabe dahin, daß die benötigte Luftmenge bei gegebener Höchstgrenze des Raddurchmessers D_a und der Umfangsgeschwindigkeit u unter Einhaltung des gegebenen Mindestwertes an Überdruck zu fördern ist. Gleichzeitig soll ein genügend großer Eintrittsdurchmesser D_e vorhanden sein, denn eine Ablösung der Luftströmung an der Umlenkstelle zu den Radschaufeln ist nur vermeidbar, wenn die Eintrittsbreite b des Laufrades voll ausgenutzt wird, d. h, wenn der Saugquerdurchschnitt $\frac{\pi D_e^2}{4}$ groß genug ist, um eine Beschleunigung der Luftströmung beim Eintritt in den Ringquerschnitt $\pi D_e \cdot b$ des Laufrades herbeizuführen ($\frac{\pi D_e^2}{4} > \pi \cdot D_e \cdot b$).

D_e und b sind zur Erfüllung der Bedingung $b < \frac{D_e}{4}$ nach Eck miteinander durch die Beziehung

$$b_{\max} = \frac{D_e}{4{,}8} = 0{,}21\, D_e$$

verbunden. Mit dieser Radbreite beträgt die Verengung der Querschnitte im Schaufelkanal 20%.

Das Verhältnis D_e/D_a muß also in solchen Einbaufällen groß sein. Diese Forderung führt bei den meisten Motoren für ein Radialgebläse zwangläufig zur Wahl eines Trommelläufers in Turbinenradform (Sirocco-Laufrad) mit sehr kurzen radialen Schaufellängen und mit einer für ausreichende Luftführung im Laufrad entsprechend großen Schaufelzahl. Nur bei kleinen Motoren oder Gebläsen kann man der Unterbringungsfrage des Kühlluftgebläses im Wagen mit aerodynamisch günstigeren Laufradformen (u. U. sogar aus Leichtmetallguß) gerecht werden.

Es genügt somit, lediglich die Trommelbauart des Läufers näher zu betrachten. Diese Bauart gründet ihre Überlegenheit für den räumlich beschränkten Einbaufall am Motor auf folgende Eigenschaften:

1. Höchste erreichbare φ- und ψ-Werte des Laufrades bei kleinsten Abmessungen und Drehzahlen infolge des großen Wertes von D_e/D_a.

2. Niedrige Umfangsgeschwindigkeit und Massenträgheit, infolgedessen bessere Festigkeit gegenüber dem normalen Laufrad aus gleichem Baustoff mit viel größerem Außendurchmesser, gleicher Fördermenge und Druckhöhe. (Bei drehelastischer Anordnung auf dem vorderen Ende der Kurbelwelle ersetzt das Laufrad einen Schwingungsdämpfer.)

3. Billige Ausführung und verhältnismäßig kleines Gewicht durch geringe Abmessungen und durch Verwendung unprofilierter Blechschaufeln dünner Wandstärke. In gewissem Ausmaß werden diese Eigenschaften allerdings, sofern man keine Zugeständnisse machen will, durch die hohe Anzahl der Schaufeln beeinträchtigt.

4. Geräuschloser Lauf infolge geringer Wirbelbildung.

Angesichts dieser Vorzüge, die den praktischen Belangen am Fahrzeugmotor außerordentlich weit entgegenkommen, wird man die dem Trommelläufer anhaftenden Nachteile in bezug auf Laufradverluste und hydraulischen Wirkungsgrad, Leistungsbedarf und Reaktionsgrad als das kleinere Übel ansehen, wenn es sich vordringlich darum handelt, zunächst einmal brauchbare Gehäuseabmessungen zu schaffen.

Das Durchmesserverhältnis D_e/D_a eines Trommelläufers liegt als maßgebende Einflußgröße der aerodynamischen Gebläseeigenschaften bei vorwärts gekrümmten Schaufeln nach den Angaben von Eck zwischen 0,8 und 0,95. Der Mittelwert von 0,875 ergibt eine radiale Schaufeltiefe $\frac{D_a - D_e}{2} = \frac{1}{16} D_a$. Dabei liegen die günstigsten Laufradbreiten zwischen $b = 0{,}167 D_a$ und $b = 0{,}198\ D_a$ (Mittelwert $b = 0{,}183\ D_a$). Bei größeren Breiten ist mit Abreißen der Strömung und mit Rückfluß der Luft durch die Schaufeln zu rechnen.

Was die Schaufelzahl z betrifft, so wird im Ventilatorenbau bei vorwärts gekrümmten Schaufeln empfohlen, die Teilung $t = \frac{\pi \cdot D_a}{z}$ auf die Schaufelkrümmung $r = \frac{D_a - D_e}{2\sqrt{2}}$ zu beziehen und in Anlehnung an den Dampfturbinenbau nach Stodola $t = 0{,}7\ r$ bis $t = r$ zu wählen[84]).

Dies ergibt, mit dem Durchmesserverhältnis ausgedrückt,

$$\text{für } t = 0{,}7\ r: \qquad z = 12{,}7 \frac{1}{1 - D_e/D_a}$$

$$\text{für } t = r \quad : \qquad z = 8{,}88 \frac{1}{1 - D_e/D_a}$$

Bei rückwärtsgekrümmten Schaufeln kann die Anzahl wesentlich kleiner sein (längere Kanäle), ebenso das Durchmesserverhältnis.

Zahlentafel 4: Günstigste Laufradbreite und Schaufelzahl sowie Minderleistungsfaktor der endlichen Schaufelzahl, erreichbare Lieferziffern und Reaktionsgrad von Trommelläufern mit vorwärts gekrümmten Schaufeln bei verschiedener radialer Schaufeltiefe (nach B. Eck).

Durchmesserverhältnis	$\frac{D_e}{D_a}$	0,8	0,85	0,9	0,95
Laufradbreite / Raddurchmesser	$\frac{b}{D_a}$	0,1665	0,177	0,1875	0,198
Schaufelzahl	z für $t = 0{,}7\ r$	64	85	127	254
	z für $t = r$	44	60	89	178
Minderleistungsfaktor durch endl. Schaufelzahl	ε für $t = 0{,}7\ r$	0,911	0,914	0,917	0,918
	ε für $t = r$	0,878	0,882	0,885	0,885
Lieferziffer	φ'	0,533	0,602	0,675	0,752
Reaktionsgrad	$\varkappa$	0,18	0,139	0,095	0,049

In Zahlentafel 4 sind die von Eck für Trommelläufer mit vorwärtsgekrümmten Schaufeln errechneten und empfohlenen Laufraddaten zusammengestellt. Die Werte des durch die endliche Schaufelzahl hervorgerufenen Minderleistungsfaktors ε, die durchgängig bei etwa 0,9 liegen, des Reaktionsgrades $\varkappa$ und der erreichbaren Lieferziffer φ' sind der Vollständigkeit wegen mit aufgenommen. Die Lieferziffer φ' ist hier, um vom Ausblasquerschnitt unabhängig zu sein, auf den Laufraddurchmesser bezogen und definiert sich zu

$$\varphi' = \frac{L}{\frac{\pi D_a^2}{4} \cdot u_2} = \frac{c_{2m} \cdot b \cdot D_a \cdot \pi}{\frac{\pi \cdot D_a^2}{4} \cdot u_2} = 4 \cdot \frac{c_{2m} \cdot b}{D_a \cdot u_2},$$

worin c_{2m} die Meridiangeschwindigkeit und u_2 die Umfangsgeschwindigkeit am Austritt der Luft aus dem Laufrad bedeutet.

Aus praktischen Erwägungen (Schaufelzahl, Festigkeitseigenschaften beim plötzlichen Drehzahlwechsel, Reaktionsgrad) wird man bestrebt sein, den kleinsten Betrag von D_e/D_a zu erreichen, der am eingebauten Motor für den Trommelläufer zugestanden werden kann, denn mit der auch dann noch als hoch anzusprechenden Lieferziffer φ' findet man im allgemeinen ein Auskommen.

b) Schaufelform.

Die im Ventilatorenbau vorkommenden Schaufelformen enden je nach der Größe des Schaufelaustrittswinkels β_2 mit einer Vorwärtskrümmung ($\beta_2 > 90^0$) oder radial ($\beta_2 = 90^0$) oder mit einer Rückwärtskrümmung

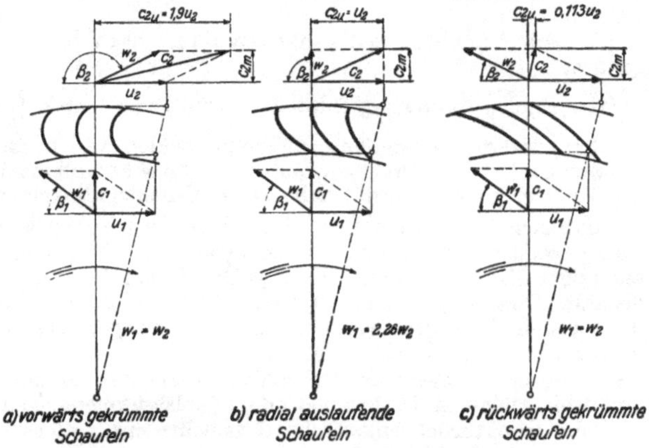

Bild 25. Geschwindigkeitsdiagramme verschiedener Schaufelformen am Trommelläufer

($\beta_2 < 90^0$). Für stoßfreien Lufteintritt in den Schaufelkanal ergibt sich bei allen 3 Formen bei gleicher Drehzahl und Liefermenge der gleiche Winkel β_1. Die Druckleistung der 3 Schaufelformen ist von den Schaufelwinkeln abhängig und daher sehr verschieden. Wie schon bei der Erörterung der Betriebseigenschaften besprochen, hat die theoretische Druckhöhe in Abhängigkeit vom Zuwachs der Liefermenge einen ansteigenden, konstanten oder abfallenden Verlauf.

In Bild 25a—c sind diese Schaufelformen mit den zugehörigen Geschwindigkeitsdreiecken für Trommelläufer mit gleicher Schaufelzahl und mit gleichen Eintrittswinkeln für $D_e/D_a = 0{,}85$ schematisch dargestellt. Mit der Annahme gleicher Radabmessungen und Drehzahlen wird neben $u_2 = \text{const}$ auch $c_{2m} = \text{const}$. Es liegen also gleiche Liefermengen zugrunde.

Wie ersichtlich, setzen sich die Vektoren so zusammen, daß die geometrische Summe der Relativgeschwindigkeiten der absoluten Geschwindigkeit entspricht. Als Hauptgleichung für die Druckhöhe h_g bzw. für die Druckzunahme Δp_g gilt:

$$\Delta p_g = \frac{\gamma}{2g}\left[\left(c_2^2 - c_1^2\right) + \left(u_2^2 - u_1^2\right) + \left(w_1^2 - w_2^2\right)\right].$$

Hierin stellt das erste Glied $\frac{\gamma}{2g}$ $(c_2^2 - c_1^2)$ die kinetische Energie hinter dem Laufrad dar, deren mehr oder oder weniger verlustreiche Umwandlung in statischen Druck im Gebläsegehäuse und gegebenenfalls im Leitungssystem zu erfolgen hat.

Die beiden anderen Glieder bezeichnen den statischen Druck hinter dem Laufrad, den sog. Spaltdruck, und erklären sich aus der Druckerhöhung durch die Zentrifugalkräfte bzw. aus der Verzögerung des Luftstromes durch die Erweiterung der Schaufelkanäle nach außen.

In Bild 25a und 25c ist $w_1 = w_2$ angenommen, was durch einen konischen Abdeckring der vorderen Schaufelenden ($b_2 < b_1$) erreichbar ist. Die Verwendung solcher Deckringe an Stelle paralleler Deckwände ($b_2 = b_1$) wird von Eck zur Vermeidung der mit der Geschwindigkeitsänderung verbundenen Verluste um so dringender empfohlen je größer D_e/D_a, d. h. je kürzer die radiale Schaufellänge ist. Bei $w_1 = w_2$ fällt das 3. Glied weg.

Bei radial endenden Schaufeln ist die Bedingung $w_1 = w_2$ infolge der starken Erweiterung der Kanäle in der radialen Richtung nicht erfüllbar. Für $D_e/D_a = 0{,}85$ ergibt sich mit $w_1 = 2{,}26\, w_2$ eine so starke Verzögerung des Luftstromes in den kurzen Schaufeln, daß diese Form aus der Betrachtung ausscheidet.

Die Gegenüberstellung der beiden übrigen Räder nach Bild 25a und c zeigt folgendes:

Der aus der Fliehkraftwirkung entstehende statische Druck $\frac{\gamma}{2g}$ $(u_2^2 - u_1^2)$ ist der Annahme und der Darstellung zufolge bei beiden Rädern gleichgroß. Da der noch zu erwartende Druckgewinn durch die sehr unterschiedlichen c_{2_u}-Werte gekennzeichnet ist, ergibt sich aus den Geschwindigkeitsdreiecken augenfällig, daß sich Form *a* besonders für solche Anwendungsfälle eignet, in denen bei gegebener Luftmenge und Drehzahl bzw. Umfangsgeschwindigkeit ein hoher Druck verlangt wird, während sich Form *c* entgegengesetzt verhält. Dies zeigen auch die Kennfelder Bild 22 u. 23, bei deren Vergleich natürlich die verschiedenartigen Abmessungen der geprüften Laufräder berücksichtigt werden müssen.

Von der Seite einer gegebenen Druckhöhe betrachtet kommt also die Form *a* mit weit kleineren Drehzahlen oder Gebläseabmessungen aus als Form *c*, wobei sich natürlich entsprechend verschiedene Liefermengen ergeben. In bezug auf die Abmessungen des auf einen bestimmten Widerstand am Motor abgestimmten Kühlluftgebläses besitzt die vorwärtsgekrümmte Schaufelform offensichtlich Vorteile, nicht aber in bezug auf den Leistungsbedarf, für den das Produkt aus Druckhöhe und Liefermenge maßgebend ist.

Einen allgemeinen Überblick über die Druckverhältnisse von Laufrädern mit verschiedener Schaufelform, die gleiche Kenndaten (D_a, D_e/D_a, b, u) besitzen und daher gleiche Luftmengen fördern, erhält man aus der Betrachtung des Reaktionsgrades. Dieser gibt an, wie hoch sich der statische Druckanteil unmittelbar hinter den Schaufelkanälen beläuft und welcher nutzbare Druck bei verlustlos gedachter Umsetzung von Geschwindigkeit in Druck im Spiralgehäuse des Gebläses bzw. auch im angeschlossenen Diffusor noch zu gewinnen ist. Demzufolge wird der Reaktionsgrad ausgedrückt durch

$$\varkappa = \frac{h_s}{h} = \frac{\psi_s}{\psi_g}$$

am Laufrad-Umfang. Bild 26 ist aus der Abhandlung von Eck[34]) fast unverändert übernommen und läßt erkennen, daß mit wachsendem Schaufelaustrittswinkel β_2 der Gesamtdruck linear ansteigt, daß aber der Reaktions-

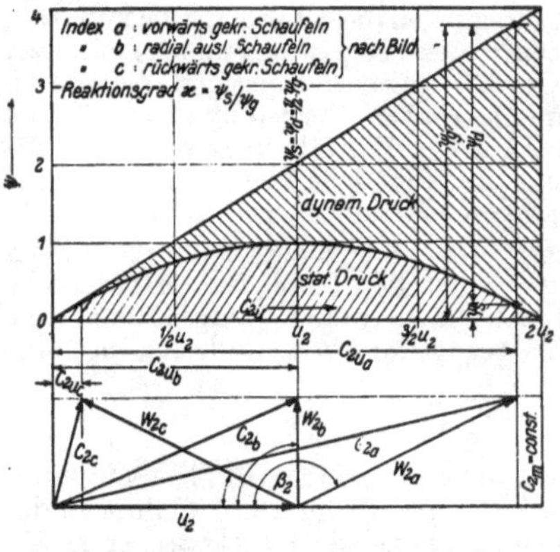

Bild 26. Änderung der stat. und dynam. Druckanteile bei wachsenden Schaufelaustrittswinkeln von Laufrädern mit gleichen Abmessungen, Umfangsgeschwindigkeiten und Liefermengen (nach B. Eck)

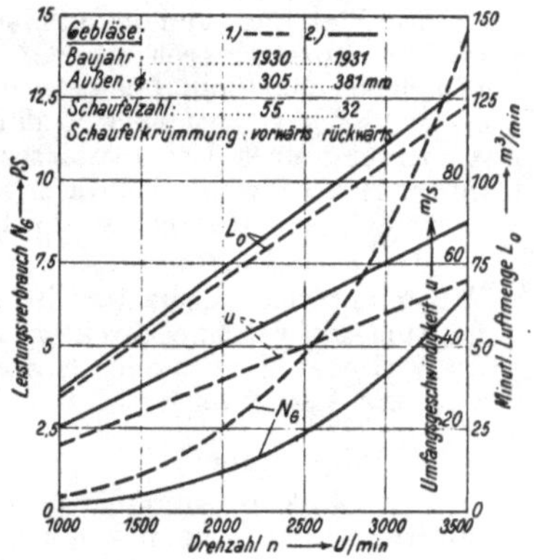

Bild 27. Leistungsverbrauch, Fördermenge und Umfangsgeschwindigkeit verschiedener Gebläse-Bauarten am Franklin-Motor in Abhängigkeit von der Drehzahl

grad dabei fortschreitend abnimmt und infolgessen bei vorwärtsgekrümmten Schaufeln am kleinsten ist (Zahlentafel 4).

Der hohen Gesamt-Druckleistung wegen werden im Ventilatorenbau bei Trommelläufern fast ausschließlich vorwärts gekrümmte Schaufeln verwendet. Tatsächlich geben natürlich die kleineren Drehzahlen oder Gebläseabmessungen, die damit möglich sind, vor der Frage der Wirtschaftlichkeit gewöhnlich den Ausschlag. Die Gebrauchsfähigkeit des Läufers der Form *c*, der bei gleicher Liefermenge weit weniger Leistung erfordert, ist aber durchaus nicht immer von der Hand zu weisen, besonders dann nicht, wenn der Motor verhältnismäßig große Luftdurchlässe aufweist oder wenn infolge günstigerer baulicher Umstände die Möglichkeit besteht, die Vektoren des Austrittsdiagramms durch größere Laufradabmessungen oder gesteigerte Übersetzung in ihrer absoluten Größe den Anforderungen entsprechend zu bemessen.

Als Beispiel eines solchen Vorgehens zeigt Bild 27 die Gegenüberstellung zweier direkt angetriebener Kühlluftgebläse am Franklin-Motor mit dem Übergang von vorwärtsgekrümmten auf rückwärtsgekrümmte Schaufeln[6]). Die bei dem rückwärts gekrümmten Schaufelprofil unzureichende Druckhöhe wurde hier durch ein vergrößertes Laufrad mit höherer Umfangsgeschwindigkeit dem Bedarf angepaßt. Gleichzeitig konnte dabei die Schaufelzahl empirisch Schritt für Schritt auf die aus Festigkeitsgründen erforderliche Mindestzahl verkleinert werden, ohne daß angeblich der Wirkungsgrad nachließ. Der Erfolg der Maßnahmen zeigt sich in einem unter gleichen Vorbedingungen nur halb so großen Leistungsaufwand für die Luftkühlung bei ungefähr gleichgroßer Fördermenge.

Es sei in diesem Zusammenhang dahingestellt, in welchem Ausmaß sich etwa mit der Anwendung eines Schraubengebläses grundsätzliche Vorteile in den Leistungswerten der Luftkühlung und fallweise vielleicht auch Vorteile baulicher Art erzielen lassen. Richtig scheint aber jedenfalls die Überlegung zu sein, daß in allen Fällen, in denen sich die Anwendung eines Schraubengebläses für die Luftkühlung nicht aus aerodynamischen Gründen, sondern allein aus irgendwelchen betriebstechnischen Bedenken (zu hohe Drehzahl als Ursache zu starker Geräuschbildung, Antriebsschwierigkeiten o. dgl.) verbietet, zunächst die Möglichkeit geprüft werden sollte, dieselben oder ähnliche Leistungswerte stattdessen durch ein Radialgebläse mit rückwärts gekrümmten Schaufeln zu erreichen. Voraussetzung ist natürlich, daß die Platzfrage und die Antriebsbedingungen diese Lösung zulassen oder, wie bei Boxermotoren in der Bauart des Volkswagenmotors mit auf $n = 6000-6600$/min übersetztem Gebläse, sogar begünstigen. Gerade an diesem Beispiel tritt hervor, daß die baulichen Vorbedingungen für die Anordnung eines Radialgebläses u. U. mehr Vorteile versprechen (Luftführung) als für die Anordnung eines an sich weit kleiner ausfallenden Axialgebläses mit seinen weit schwierigeren Antriebsverhältnissen.

Man kann wohl für die Anwendung des Radialgebläses bei luftgekühlten Wagenmotoren allgemein die Regel aufstellen, daß der erforderliche Leistungsaufwand bei direktem Antrieb um so größer wird, je kleiner die Baubreite ist, die für einen Motor von gegebener Größenordnung im Fahrzeug zur Verfügung steht.

8. Spiralgehäuse.

Der Zweck des spiralförmigen Leitgehäuses, nämlich die im Schleudergebläse aus den Schaufelkanälen des Laufrades strömende Kühlluft in der abzuleitenden Richtung aufzunehmen und ihre Geschwindigkeitsenergie teilweise in Druckenergie umzuwandeln, wurde bereits erörtert. Die Querschnittsform des Leitkanals (Kreisform, Quadrat, Rechteck, Trapez oder Kombinationen davon) richtet sich am luftgekühlten Motor ganz nach den baulichen Umständen. Neben den strömungstechnischen Grundsätzen spricht vor allem die Rücksicht auf wirtschaftliche Herstellung (Baustoff, gegossene oder blechgepreßte Ausführung) entscheidend mit.

Eine im Hinblick auf die Grundform der angeschlossenen Luftführung zu den Zylindern häufig angewendete, billige Bauart ist das aus dünnen, punktgeschweißten Baublechen zusammengesetzte Spiralgehäuse mit quadratischem oder rechteckigem Kanalquerschnitt mit mehr oder weniger abgerundeten Ecken. In anderen Fällen findet man sorgfältiger geformte, aus Leichtmetall gegossene Gehäuse, die mitunter gleichzeitig als tragende Konstruktionsteile zur Abstützung des Motors oder zur Aufnahme von Hilfsmaschinen des Motors ausgebildet sind. Bei zweireihigen Motoren (V-Form, Boxerbauart) besitzt das Gebläse zwei halbe Spiralkanäle und zwei Ausblasöffnungen.

Bei der Gestaltung des Blechgehäuses für Gebläse und Druckkanal ist zu beachten, daß schädliche Luftdurchlässe nach außen an den Blech-Stößen im normalen Reihenbau möglichst vermieden werden müssen. Ein am Volkswagenmotor vorgenommener Vergleichsversuch zur Feststellung der Lieferdaten des Gebläses im Serienzustand gegenüber einer an allen Fugen mit Plastilin abgedichteten Versuchsausführung erbrachte eine Steigerung der Luftmenge am Seriengebläse über dem ganzen Drehzahlbereich von durchschnittlich 10% sowie einen Druckabfall von annähernd gleicher Größe. Hierbei arbeitete das Gebläse mit seinen rückwärts gekrümmten Schaufeln im Gebiet der steil abfallenden Kennlinien in Bild 23. Für die Leistungsaufnahme ergab sich gleichzeitig im unteren und mittleren Drehzahlfeld ein Minderbedarf, dagegen im oberen Drehzahlfeld ein geringer Mehrbedarf.

Zur Erklärung der Gestaltungsrichtlinien genügt die Betrachtung des einfachsten Falles, d. h. des Eisenblech-Gehäuses mit nur einem Anschlußstutzen (einreihige Zylinderanordnung), dessen Öffnung durch ein Quadrat oder durch ein Rechteck gebildet wird. Strömungstechnisch ist dieser Querschnitt gegenüber dem Kreisquerschnitt infolge der toten Ecken und infolge von Reibungseinflüssen im Nachteil. Die Luftgeschwindigkeit ist sehr ungleichmäßig verteilt. Als wirksame Öffnung zählt daher nur der „gleichwertige Durchmesser“ d_{gl}, der bei quadratischer Öffnung mit der Seitenlänge x dem eingeschriebenen Kreis $d_{gl} = x$ und beim Rechteck mit den Seitenlängen x und y der Größe $d_{gl} = \frac{2xy}{x+y}$ entspricht.

In der Praxis entwickelt man die Spiralform nach dem in Bild 28 dargestellten Näherungsverfahren[23]). Hierbei legt man der Konstruktion ein um den Mittelpunkt des Laufrades beschriebenes Quadrat mit der Seitenlänge s zugrunde, dessen Ecken die Mittelpunkte der jeweils um den Betrag s wachsenden 4 Radien R_1 bis R_4 bilden, wobei $R_1 = \frac{1}{2}(D_a + s)$.

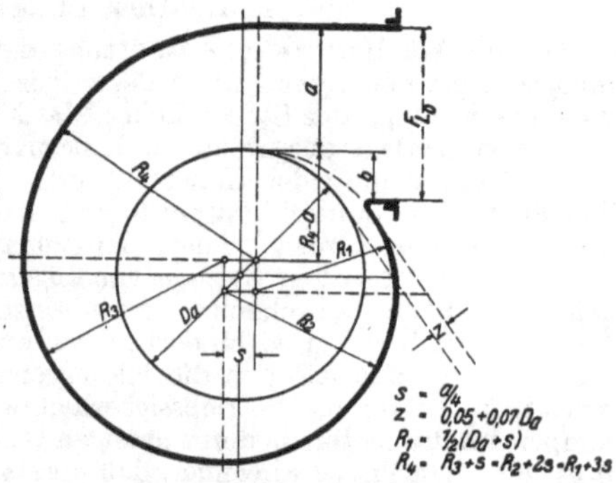

Bild 28. Gebläsegehäuse; Konstruktion der Spirale (nach Gronwald)

Für den Ausblasstutzen ist es in Anbetracht der niedrigen Druckhöhe zulässig, daß das Laufrad mit dem Außendurchmesser D_a in den Ausblasquerschnitt F_{L_0} um einen gewissen Betrag b hineinragt. Dadurch erhält man kleinere Gebläseabmessungen. Das Maß b bzw. die Größe des über dem Laufrad vorhandenen Querschnitts mit der Höhe a hängt im Vergleich zum ganzen Ausblasquerschnitt F_{L_0} davon ab, wieweit die Spirale das Laufrad umfaßt, d. h. welcher Anteil der Liefermenge bis dahin vom Laufrad gefördert ist. In der Abbildung ist $s = a/4$, weil lt. Konstruktion

$$a = R_4 + s - R_1 = (R_1 + 3\,s) + s - R_1 = 4s.$$

Bild 28 enthält auch das übliche Maß für den Abstand z der Gebläsezunge vom Laufrad. Mit Rücksicht auf den Spaltverlust soll z möglichst klein sein, doch ist bei zu naher Anordnung der Zunge am Laufrad unter dem Einfluß der Schaufelform bei hohen Drehzahlen mit der Entstehung pfeifender Geräusche zu rechnen. Man kann sich nötigenfalls (z. B. bei Gebläsen mit 2 Ausblasstutzen für 2reihige Motoren) helfen und z ziemlich klein ausführen, indem die alsdann scharfkantige Gehäusezunge in der Draufsicht auf das Laufrad schräg gelegt wird. Unter gewöhnlichen Umständen sind solche Sondermaßnahmen aber von ziemlich zweifelhaftem Wert.

Um einen möglichst hohen statischen Druck zu erhalten, soll die Geschwindigkeit v_{L_0} in der Ausblasöffnung nach einer im Ventilatorenbau geltenden Regel möglichst nicht größer sein als die Ansauggeschwindigkeit. Andererseits ist ein großer Unterschied gegenüber der Luftgeschwindigkeit an den Kühlrippen ebenfalls unerwünscht, da sich dadurch ungünstige Verhältnisse in der Leitung zu den Zylindern einstellen. Beide Forderungen lassen sich schwer vereinigen, denn man liegt mit der Luftgeschwindigkeit am Zylinder als der Ausgangsgröße der Querschnittsbemessung hinter dem Laufrad meistens weit höher als mit der Ansauggeschwindigkeit vor dem Laufrad.

Da man auf die Einbauabmessungen des Motors Rücksicht nehmen muß, erhält man häufig schon aus diesem Grunde ein ziemlich enges Spiralgehäuse mit enger Ausblasöffnung, so daß eine diffusorartige Erweiterung des Luftführungsquerschnittes zu den Zylindern manchmal wünschenswert sein mag. Bei einem zu großen Unterschied in den Luftgeschwindigkeiten von der Ausblasöffnung des Gebläses bis zur Ausblasöffnung an den Zylindern (Druckgebläse) wird aber, wie am Beispiel erläutert wurde, ein größerer Leistungsaufwand unvermeidlich. Die Bedeutung einer möglichst gleichmäßigen Luftgeschwindigkeit auf der Gebläsedruckseite sei deshalb nochmals betont. Maßgebend für den Entwurf ist die Geschwindigkeit der warmen Kühlluft an den Zylindern. Von diesem Wert soll die Konstruktion des Spiralgehäuses ausgehen.

IV. Luftführung zu den Zylindern.

Um die Kühlluft unter Ausnutzung der vom Gebläse erzeugten Strömungsenergie den Zylindern in derartiger Form zuzuführen, daß eine bevorzugte Kühlung der Stellen hoher Wärmebelastung stattfindet, bedarf es einer wohlüberlegt ausgebildeten Leitvorrichtung, über deren Gestaltung aber bei der Vielfalt der Konstruktionsrichtungen, die der Motorenbau in der Frage der Luftkühlung aufweist, keine allgemein gültigen Richtlinien aufgestellt werden können. Bei mehrzylindrigen Motoren hat die Aufmerksamkeit außerdem der gleichmäßigen Temperatur aller Zylinder zu gelten, denn das Mitschleppen eines einzelnen überkühlten Zylinders ist für den Betrieb genau so hinderlich wie ein Zylinder, der zu wenig Kühlluft bekommt und dadurch die Klopfgrenze für den ganzen Motor herabdrückt. Es ist für die Betriebssicherheit weniger wichtig, ob die Gesamttemperatur des Motors in den zulässigen Grenzen etwas höher oder niedriger liegt, als vielmehr zu erreichen, daß eine möglichst gleichmäßige Kühlung aller Zylinder und ausreichende Luftzufuhr zu den heißesten Zonen vorhanden ist. Wenn stets ein und derselbe Zylinder trotz sorgfältiger Gemischverteilung und bei sonst einwandfreiem Lauf aller übrigen Zylinder Anzeichen unzulänglicher Kühlung zeigt (z. B. verzogene Auslaßventilteller, ungünstiges Kolbenlaufbild, Klingeln usw.), so bleibt nichts weiter übrig, als die vorhandene Kühlluftmenge mit Hilfe der Leitvorrichtung anders zu verteilen. Hierbei ist aber gleichmäßige Kühlluftverteilung nicht immer gleichbedeutend mit gleichmäßiger Temperaturverteilung, denn in den Ansaugverhältnissen der an demselben Vergaser angeschlossenen Zylinder ist eine absolute Übereinstimmung kaum erreichbar.

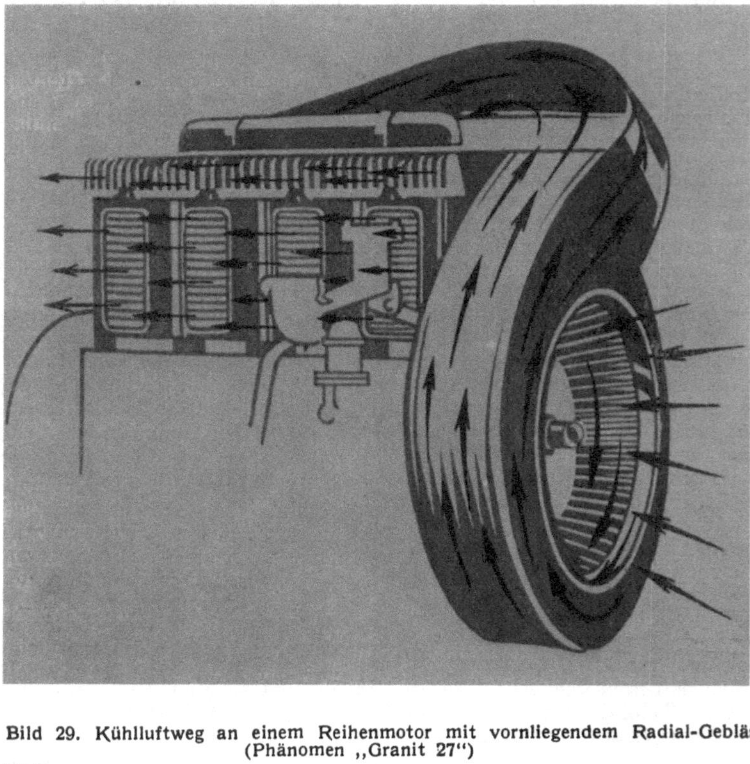

Bild 29. Kühlluftweg an einem Reihenmotor mit vornliegendem Radial-Gebläse (Phänomen „Granit 27")

Da es auf nichts anderes als auf die richtige Betriebstemperatur aller Zylinder, und zwar im ganzen Vollastgebiet ankommt, ist die zweckmäßigste Form der Leitvorrichtung innerhalb der konstruktiv festgelegten Grundsätze nur auf dem Versuchswege zu ermitteln. Der Konstrukteur muß hierbei von vornherein mit Störungen in der Luftverteilung rechnen und sich für eine Änderung der Leitvorrichtung während der Probeläufe der neuen Motorbauart möglichst freie Hand lassen, denn die Aussicht, auf Grund theoretischer Betrachtungen sofort das Optimum zu erreichen, ist erfahrungsgemäß gering. Das Temperaturbild, das auf dem Prüfstand aus der Temperaturmessung mit Hilfe von gleichmäßig auf die Zylinder verteilten Thermoelementen entsteht, ist erst dann befriedigend, wenn der Unterschied zwischen den gleichartigen Meßstellen an allen Zylindern nicht mehr ausmacht als höchstens 20° C. Dies gilt zunächst für den Dauerbetrieb mit hoher Leistung und Drehzahl. Wenn dann, was meist nicht zu vermeiden ist, bei kleineren Vollast-Drehzahlen gewisse Verschiebungen in der Temperaturverteilung eintreten, weil sich die Strömungsverhältnisse in der Leitvorrichtung mit der Kühlluftgeschwindigkeit ändern, so kommt es ganz auf den Verlauf der Temperaturkurven an, wieweit größere Temperaturunterschiede in diesem Betriebsbereich als unbedenklich gelten können (vgl. Bild 9 und 17). Die möglichst gleichmäßige Anpassung der Kühlung an die veränderlichen Betriebszustände ist bei stark wechselnder Luftbelieferung der einzelnen Zylinder in den verschiedenen Drehzahlen eine oft mühevolle Aufgabe, von deren Lösung die Betriebssicherheit unmittelbar abhängen kann.

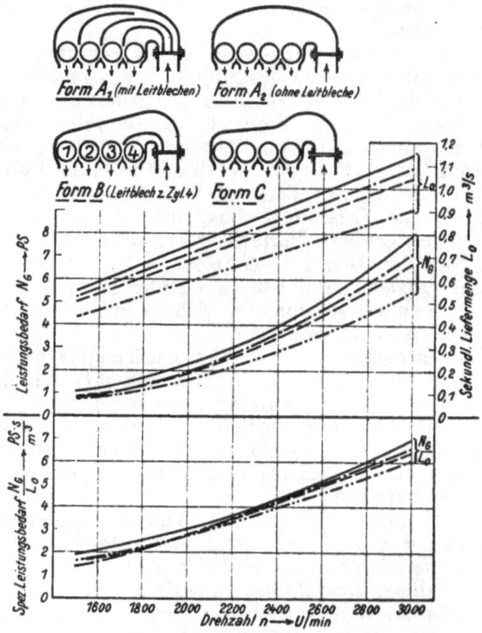

Bild 30. Liefermenge und Leistungsbedarf eines Gebläses mit vorwärtsgekrümmten Schaufeln nach Bild 22 bei Anschluß verschiedener Luftzuführungen zum Motor

Betrachtet man das einfache Beispiel eines 4 Zyl.-Reihenmotors mit seitlich angeblasenen Zylindern nach Bild 29, so findet man, daß die Luftzuführung zur gleichmäßigen Kühlung der Zylinder mit sehr verschieden gestalteten Leitmitteln möglich ist. In Bild 30 sind einige Formen des Luftführungskastens schematisch dargestellt, die nach den Erfahrungen auf dem Prüfstand an einem untersuchten Reihenmotor diese Bedingung mehr oder weniger erfüllen. Hierbei zeigen die Ausführungen A_1 und A_2 gleiche Grundform mit und ohne Leitblechanordnung. Im Falle B und C ist mit Rücksicht auf die Kühlung des dem Gebläsestutzen am nächsten liegenden Zylinders auch die Grundform verschieden.

An den $\frac{N_G}{L_0}$-Kurven fällt auf, daß sich die einzelnen Luftführungskästen in bezug auf den spezifischen Leistungsbedarf ziemlich einheitlich verhalten. Die je m³/s Kühlluft erforderliche Antriebsleistung des Gebläses weist im maßgebenden Drehzahlbereich Unterschiede von nur 10 bis 15% auf und liegt der Größenordnung nach in der Nähe der in Abschnitt E 1 genannten Richtwerte, denen zufolge bei voller Drehzahl

$$\frac{N_G}{L_0} = \frac{N_G \cdot N_0}{N_0 \cdot L_0} = \frac{1 \cdot 3600}{10 \cdot 60} = 6 \text{ PS} \cdot s/m^3.$$

Der Unterschied zwischen den dargestellten Bauarten der Leitvorrichtung liegt vielmehr in dem bei gleichem Gebläse erzielbaren Luftdurchlaß. Aus den L_0- und N_G-Kurven geht eindeutig hervor, welche konstruktive Bedeutung die Form des an das Gebläse angeschlossenen Luftführungskastens für die erzielbare Kühlluftmenge besitzt. Da eine Änderung am Luftführungskasten viel einfacher durchzuführen ist als am Gebläse, wird man eine etwa notwendige Vergrößerung der Kühlluftmenge zunächst durch eine Vergrößerung des Luftdurchlasses im Luftführungskasten zu erreichen suchen. Daß gleichzeitig, sofern nicht die Druckhöhe absinkt, der Leistungsaufwand entsprechend steigt, kann den Wert dieses Hilfsmittels nicht beeinträchtigen.

Was die Wirkung des durch Leitbleche aufgeteilten Luftstromes anbelangt, so bietet sich mit der Ausführung A_1 naturgemäß die beste Möglichkeit zur Anpassung der Kühlluftmenge an den Bedarf der einzelnen Zylinder. In dieser Beziehung dürfte die Form A_2 am wenigstens geeignet sein. Im Versuch hat sich bestätigt, daß eine günstige Verteilung der Kühlluft mit dieser Kanalform nicht gelingt. Die durchfließende Luftmenge ist infolge der Leitbleche bei der Form A_1 am größten, doch steigt gleichzeitig der spezifische Leistungsbedarf, da offenbar die Wandreibung an den Leitblechen größere Verluste verursacht als die Wirbelbildung im Falle des Fortfalles dieser Leitmittel. Daß trotz der Druckzunahme bei Form A_1 eine größere Kühlluftmenge gefördert wird, ist allerdings nur für Gebläse mit vorwärts gekrümmten Schaufeln nach Bild 25a, d. h. mit Kennfeldern nach Bild 22 zutreffend.

Die in Bild 30 dargestellten Schaulinien wurden unter sonst gleichen Vorbedingungen, d. h. mit demselben Gebläse und mit der gleichen Bauart und Anordnung der Zylinder gewonnen. Sie gestatten daher unabhängig von der absoluten Größe der Betriebswerte eine Übertragung der vermittelten Erkenntnisse auf gleichartige Luftkastenformen bei Reihenmotoren beliebiger Größenordnung und anderer Zylinderzahl, sofern ein ähnliches Gebläse verwandt wird.

Wie leicht erkennbar, sind die in Bild 30 dargestellten Leitvorrichtungen vom Standpunkt der Herstellungskosten verschieden zu beurteilen. Unter Berücksichtigung der Kostenfrage erscheint Form B als die zweckmäßigste Bauart, denn bei dieser Ausführung vereinigen sich im Gegensatz zu den anderen Bauformen günstige Betriebswerte mit einfacher Herstellungsweise und mit kleinem Raumbedarf. Selbstverständlich können aber die im Einzelfall am Motor auftretenden Forderungen das Bild ohne weiteres zugunsten einer durch Leitbleche aufgeteilten Luftführung verändern, wenn eine einwandfreie Luftverteilung auf einfacherem Wege (z. B. nach Form B) nicht erreichbar ist. Die Bedeutung, die der richtigen Verteilung und Ausnutzung der Kühlluft am Motor zukommt, rechtfertigt, dies sei ausdrücklich betont, jeden Aufwand an Zeit und Mühe bei der Durchführung der Versuchsläufe auf dem Bremsstand.

F. Ausgeführte Motoren.

Die in diesem Abschnitt abgebildeten Beispiele luftgekühlter Wagenmotoren geben, soweit es im vorliegenden Rahmen möglich ist, einen Überblick über die wichtigsten, in der Praxis bewährten Bauformen. Betriebswerte dieser z. T. seit vielen Jahren im Sreienbau hergestellten Motorenmuster, die schon aus früheren Erörterungen (Bild 2, 5, 18, 27; Zahlentafel 2) hervorgehen, sind nicht mehr besonders angegeben.

Bemerkenswerterweise ist die Schaffung leistungsfähiger und zuverlässiger Motoren mit sehr verschieden durchgebildeten Luftkühlungs-Systemen erreicht worden. Von keiner dieser in sich ausgereiften Motorbauarten kann, soweit es sich um die für die Luftkühlung angewendeten Grundsätze handelt, ein ausgesprochener Vorrang in Anspruch genommen werden, der geeignet wäre, die Weiterentwicklung auf diesem Gebiet in einer bestimmten Konstruktionsrichtung festzulegen. Man findet im Gegenteil, daß sich die von den einzelnen Herstellerfirmen bevorzugten Konstruktionsmerkmale (Anblasrichtung, Gebläseanordnung, Antrieb usw.) bisher nebeneinander zäh behaupten und auch in den neuesten Baumustern wiederkehren, ein Kennzeichen dafür, in welchem Maße die Luftkühlung auf Spezialerfahrungen und auf der Planmäßigkeit im Ausbau dieser Erfahrungen beruht.

I. Personenwagen-Motoren.

1. Franklin.

Die amerikanische Franklin Manufacturing Comp. in Syracuse, N.Y., die vor mehreren Jahren durch den einseitigen Zuschnitt ihres Bauprogramms auf Luxusfahrzeuge der wirtschaftlichen Depression in U.S.A. nicht standhalten konnte und eingegangen ist, hat den Bau luftgekühlter Motoren seit 1902 betrieben und galt als eine der erfahrensten Pionierfirmen auf diesem Gebiet. Das erfolgreichste, aus großzügiger Versuchsarbeit[6]) hervorgegangene Modell ist der 6-Zyl.-Reihenmotor Serie 145, der in bezug auf Leistungsdaten, Zylinderbauart und Luftkühlungssystem bereits eingehend behandelt worden ist. Bild 31 und Bild 32 zeigen den allgemeinen Aufbau: Gebläse-Laufrad als Trommelläufer (dargestellt noch in der Bauart 1930) unter Zwischenschaltung einer schwingungsdämpfenden Gummikupplung vorn auf der Kurbelwelle angeordnet, obengesteuerte Zylinder nach Bild 5 u. 19 von der Seite angeblasen. Die Betriebsdaten sind aus Zahlentafel 2 sowie aus Bild 18 und 27 zu entnehmen.

Die gleiche Bauart ist auch als doppelt so starker 12-Zyl.-V-Motor mit ebenfalls direkt auf der Kurbelwelle angeordnetem Gebläse zur Ausführung gekommen, wobei die Kühlluft für die beiden Zylinderreihen aus einem gemeinsamen Austrittsstutzen des Gebläses in den V-förmigen Zwischenraum gedrückt wurde. Dieses Modell hat jedoch infolge der mit der Zylinderzahl wachsenden konstruktiven Schwierigkeiten, die teilweise durch Kunstkniffe überwunden werden mußten, keinen technischen Fortschritt gebracht und daher keine besondere Bedeutung erlangt.

Neuerdings ist diese bewährte Zylinderbauart von der Lizenznachfolgerin der Franklin-Gesellschaft, der Aircooled Motor Corporation of Syracuse nach neuzeitlichsten Gesichtspunkten weiterentwickelt worden, und zwar als Leichtmetall-Zylinder (Britische Y-Legierung) mit eingeschrumpfter, sehr dünnwandiger Ni-Resist-Gußlaufbuchse, deren Wärmeausdehnungskoeffizient 18×10^{-6} beträgt gegenüber einem solchen von $22{,}1 \times 10^{-6}$ des Leichtmetallgusses[7]). Das Übermaß der Laufbuchse zur Aufnahmebohrung im Zylinder beträgt 0,3 mm. Durch die nahezu gleichgroße Ausdehnung beider Teile im Betrieb wird ein einwandfreier Wärmeübergang unter allen Bedingungen erreicht.

Bild 33 zeigt einen Querschnitt des 4-Zyl.-Boxermotors AC-150 der vorgenannten Firma mit dieser Zylinderbauart. Es handelt sich um einen 2,43 l-Motor mit 92 mm Bohrung und 92 mm Hub, der als Flugmotor bei einer Drehzahl von 2400/Min ca. 50 PS (ohne Gebläse) hergibt.

Der einstückig mit dem Zylinderkopf gegossene Leichtmetall-Zylinder zeigt einen grundsätzlich ähnlichen Aufbau wie der alte Franklin-Zylinder nach Bild 5. Durch den Fortfall der Zylinderkopfdichtung ergibt sich ein ungehinderter Wärmeabfluß vom Verbrennungsraum, so daß hier infolge der guten Temperaturverteilung durch das Leichtmetall für Kraftstoffe mit OZ $\geqq$ 73 ein Verdichtungsverhältnis von 6,5 angewendet werden kann. Dieser Wert entspricht dem derzeitigen Entwicklungsstand hochwertiger wassergekühlter Motoren. Der Rippenabstand beträgt durchschnittlich 8 mm. Das Ventilspiel wird durch den hydraulischen Wilcox-Rich-Stössel, der in U.S.A. auch bei wassergekühlten Motoren sehr verbreitet ist, selbsttätig ausgeglichen. Für die Ventilsitze sind gegossene Ni-Resist-Ringe vorgesehen, deren Übermaß 0,09 mm beträgt. Die Aluminiumkolben besitzen ein für luftgekühlte Motoren allerdings meist nur bei Vollschaftkolben übliches Einbauspiel, nämlich 0,19 mm = 0,0021 D.

Diese Maschine zählt zu den fortschrittlichsten Neubauten auf dem Gebiet der luftgekühlten Leichtmotoren, insbesondere deshalb, weil sie ohne Kühlluftgebläse

Bild 31. 6 Zyl.-Franklin-Motor, Kühlluftaustrittsseite

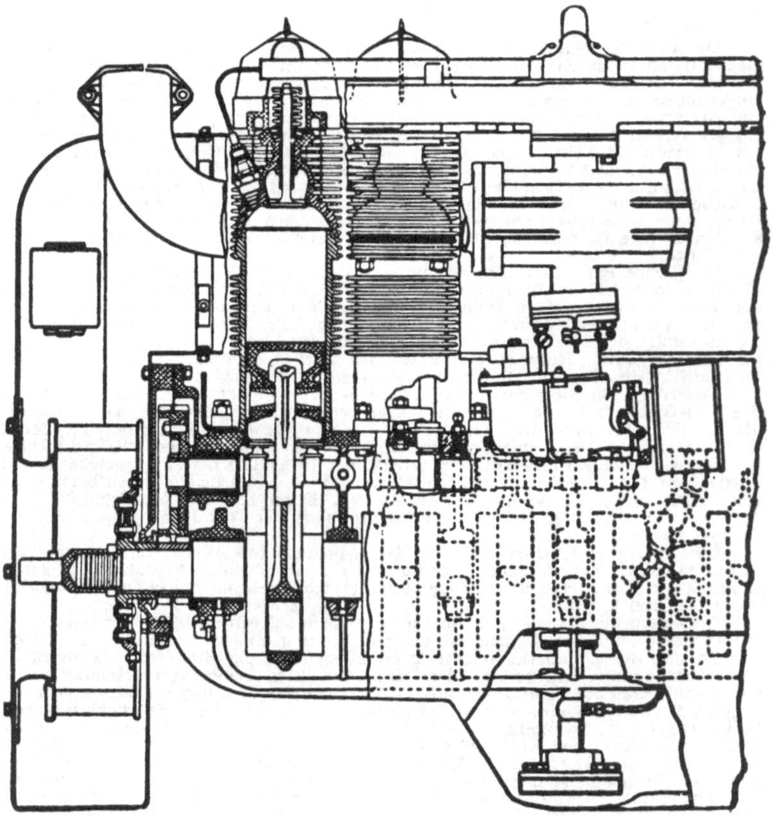

Bild 32. 6-Zyl.-Franklin-Motor, Längsschnitt

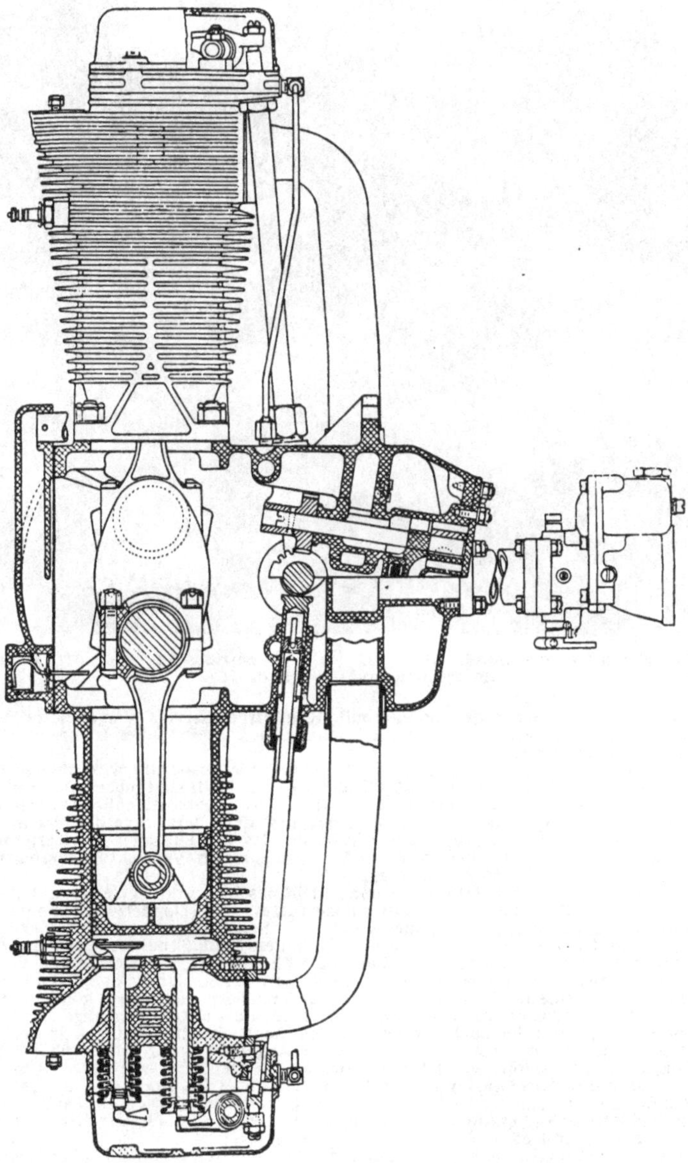

Bild 33. 4-Zyl.-Boxer-Flugmotor *AC* — 150 (Bauart Franklin) der Aircooled Motor Corporation of Syracuse, USA (Querschnitt)

Bild 34. Franklin-Boxer-Motor AC — 150 im Heckantriebs-Aggregat der White-Motor-Company, Cleveland, USA

als Flugmotor für Sportflugzeuge und mit Kühlluftgebläse als Wagenmotor Verwendung findet. Zur Aufnahme der Reaktionskräfte vom Propeller ist das vordere Bundlager besonders stark und lang.

Für den Wagenmotor mit Gebläse, Verteiler und Lichtmaschine wird die normale Bremsleistung mit 45 PS bei n = 2500U/min (= 18,5 PS/l) angegeben. Der Einbau erfolgt serienmäßig u. a. als Heckmotor in den White-Horse-Milchlieferwagen der White-Motor-Company, Cleveland, und zwar, um den Betriebsverhältnissen des Haus-zu-Haus-Lieferverkehrs und der Oktanzahl des handelsüblichen Kraftstoffes Rechnung zu tragen, mit einem auf ε = 5,5 verkleinerten Verdichtungsverhältnis. Bild 34 zeigt das komplette Antriebsaggregat.

Da der Flugmotor AC-150 normal ohne Lichtmaschine und Verteiler und stattdessen mit einem Scintilla-Magnetzünder ausgerüstet wird (Doppelzündung nur auf Wunsch), geht der Leistungsunterschied von 5 PS nahezu ganz zu Lasten der Gebläseluftkühlung und der kleineren Verdichtung. Für den Einfluß der Verdichtung muß man aber nach Bild 1 in diesem Fall mit etwa 2,5 PS rechnen. Der gleichgroße, übrigbleibende Betrag erscheint indessen für den Gebläseantrieb so niedrig, daß die bekanntgegebenen, abgerundeten Leistungsangaben nur annähernd zutreffen können. Für diese Annahme besteht um so mehr Grund, als die maximale Kühlluftmenge angeblich 56 m³/min beträgt und demnach den ausnehmend hohen spezif. Wert von 75 m³/PSh erreichen würde. Vermutlich bezieht sich diese Angabe auf die kalte Kühlluft am fremdangetriebenen Motor, so daß bei normalem Betrieb und erwärmter Kühlluft etwa der bekannte Richtwert von 60 m³/PSh vorhanden ist, doch sind die zahlenmäßigen Zusammenhänge nach den vorliegenden Unterlagen nicht durchsichtig genug. Für die Kühlluftförderung am Wagenmotor ist ein Gebläse-Läufer mit direktem Antrieb, 305 mm ∅ und 55 Luftschaufeln vorgesehen.

Im übrigen stimmen die Leistungsdaten des Franklin-Motors AC-150 ohne Gebläse mit denjenigen ähnlicher amerikanischer Kleinflugmotoren, die aus der gleichen Entwicklungszeit stammen und der Größenordnung und Bauart wegen für den Konstrukteur luftgekühlter Wagenmotoren von Interesse sind, leidlich überein:

Continental A 50 (Baujahr 1938):
2,8 l-Boxermotor 4-98,4/92,1, obengesteuert,

Leistung: 50 PS bei 1900 U/min (18 PS/l)
Verdichtung: $\varepsilon = 5{,}4$
Kraftstoff: OZ 65
Werkstoff für Zyl.: Schmiedestahl
Werkstoff für Zyl.-Kopf: Aluminium
Zyl.-Kopf-Temperatur: < 200° C
Zyl.-Fuß-Temperatur: < 95° C

Menasco M 50: (Baujahr 1938):
2,36 l-4 Zyl.-Boxermotor, untengesteuert,
Leistung: 50 PS bei 2550 U/min (= 21,2 PS/l)
Verdichtung: $\varepsilon = 5{,}25$
Kraftstoff: OZ 73
Werkstoff für Zyl.: nickelleg. Gußeisen } paarweise gegossen
Werkstoff für Zyl.-Kopf: Aluminium }

Wie aus diesen Vergleichsziffern ersichtlich, nähern sich die beiden Fachgebiete des Flugmotors und des Wagenmotors in diesem Leistungsbereich einander so stark, daß die im Franklin-Motor AC-150 verwirklichte Baugleichheit und die damit erzielte Überbrückung der unterschiedlichen Betriebsanforderungen und Herstellungsbedingungen für beide Zwecke durchaus brauchbare Ergebnisse liefert. Man erkennt aber daraus auch ohne weiteres den sehr beachtlichen Entwicklungsstand der luftgekühlten Wagenmotoren, die, abgesehen von der Leistungsgewichtsfrage und von der Mehrbelastung durch das Kühlluftgebläse, den Kleinflugmotoren an Leistungsfähigkeit nicht viel nachstehen. Allerdings sind diese Flugmotoren in letzter Zeit weiter verbessert und vervollkommnet worden.

2. Tatra.

Schon das älteste Modell des von den damals tschechischen Tatra-Werken gebauten, gegenläufigen 2-Zyl.-Kleinwagenmotors gelangte durch seine Luftkühlung zu vollem Erfolg. Den damaligen Erfahrungen entsprechend wurde die Kühlung der mit schraubenförmigen Kühlrippen versehenen Graugußzylinder gleichzeitig durch Gebläse, Fahrwind und Schmieröl bewerkstelligt. Das Gebläse war mit dem Schwungrad verbunden und drückte die Kühlluft von den Zylinderfüßen nach außen an den im Fahrwind liegenden Zylinderköpfen vorbei ins Freie.

Der aus dieser Bauart hervorgegangene obengesteuerte 4-Zyl.-Boxermotor Typ 57 mit 1,25 l Hubraum, 23 PS Leistung und mit vornliegendem, direkt angetriebenem

Bild 35. 8 Zyl.-V-Motor Typ 77 der Tatra-Werke

Bild 36. 8 Zyl.-V-Motor Typ 87 der Tatra-Werke

Gebläse, bei dem die Kühlung der Zylinderköpfe ebenfalls vom Fahrwind unterstützt wurde, hatte einen ähnlichen Erfolg und stellte bei den damaligen Bedürfnissen an Leistung und Geräuschfreiheit eine sehr glückliche Lösung dar, weil die vordringlichen Forderungen nach einer zuverlässigen, ausdauernden und anspruchslosen Maschine damit bereits in weitgehendem Maße erfüllt waren. Aus dieser bewährten Bauart entstand 1937 der verbesserte Typ 97 mit 1,75 l Hubraum, 40 PS Leistung und 3500 U/min, der im Prinzip von den Stoewer-Werken, Stettin, für einen 1,5 l-Motor in Lzenz übernommen worden ist (Bild 2).

Die im Kleinmotorenbau gesammelten Erfahrungen haben schon vor Jahren die Tatra-Werke veranlaßt, die Luftkühlung auf größere Einheiten mit hoher Drehzahl zu übertragen. Von den bekannten obengesteuerten 8-Zyl.-V-Motoren Typ 77 (V_H = 3,4 l, N_e = 70 PS, n = 3500/min) und Typ 87 (V_H = 2,96 l, N_e = 72 PS, n = 3500/min, ε = 5,8) ist das erstgenannte Baumuster als für die Bauart kennzeichnend in Bild 35 wiedergegeben. Bei diesem 90°-V-Motor wird auf jeder Seite (im Bild nur für eine Seite sichtbar) ein durch Keilriemen angetriebenes Gebläse verwendet, das jeweils eine Reihe von 4 Zylindern mit Kühlluft beliefert.

Der in Bild 36 dargestellte neuere Typ 87 läßt das gleiche Bauprinzip erkennen, weist aber in den Einzelheiten eine weitgehende Vervollkommnung auf. Als besondere Unterscheidungsmerkmale gegenüber Typ 77 sind die obenliegenden Nockenwellen und kühltechnisch die veränderte Dreh- und Anblasrichtung der beiden Gebläsegruppen zu nennen. Die Kühlluft umströmt die Zylinder nicht mehr vom Zylinderfuß her, sondern von der Seite, was sich vornehmlich zugunsten der Zylinderkopf-Kühlung dieses Hochleistungsmotors auswirkt. Durch die Änderung der Steuerung und der Köpfe sind die Auspuff-Krümmer aus dem Bereich der ausströmenden Kühlluft nach außen gerückt.

Bild 37 zeigt den Einbau des Motors im Heck des bekannten Tatra-Stromlinienwagens bei abgenommenem Rückenblech mit Kühlluft-Auslaß.

Zwei Merkmale sind für diese beiden Schnelläufer typisch: die Ausrüstung mit 2 getrennten Kühlluftgebläsen und der Antrieb der beiden Gebläse mittels 2 einfacher Keilriemen.

Durch die Heckanordnung des Motors wird die Forderung nach einer möglichst ungehinderten Abfuhr der warmen Kühlluft bestens erfüllt. Die Zufuhr der Kühlluft

Bild 37. Tatra-Motor Typ 87 im Wagenheck eingebaut

erfolgt durch 2 Fangtaschen in den Seitenwänden des Wagenaufbaues. Der Leistungsaufwand für die Kühlung im Fahrzeug ist daher gering.

Eine gegendruckfreie Ableitung der Kühlluft ist bei 2 Gebläsen, die in denselben Raum hinein fördern, wie dies hier geschieht, besonders wichtig, da andernfalls leicht Störungen durch Druckschwankungen, verbunden mit unregelmäßiger Leistungsaufnahme auftreten können, wenn die beiden parallel arbeitenden Gebläse, besonders Trommelläufer, zwischen verschiedenen Betriebspunkten ihrer Kennlinien ins Pendeln geraten. Bei der Zusammenarbeit zweier Gebläse werden daher mit Vorteil rückwärts gekrümmte oder allenfalls radial auslaufende Schaufeln verwendet, weil deren Kennlinie, wie früher besprochen, mit zunehmender Fördermenge abfallenden bzw. konstanten Druck ergibt und mit der gleichzeitig ansteigenden Widerstandslinie des Leitungssystems nicht mehr als einen Schnittpunkt haben kann, so daß der Arbeitsvorgang im ganzen Bereich stabil bleibt.

Was die Anwendung von Keilriemen für den Gebläseantrieb betrifft, so begegnete diese Lösung früher vom Standpunkt der Betriebssicherheit oftmals Bedenken. Diese Bedenken erscheinen jedoch unbegründet, denn ungünstige Erfahrungen sind bisher nicht bekannt geworden. Der zahlreichen Vorteile (Einfachheit, Billigkeit, Geräuschlosigkeit und Elastizität) wegen wird diese Antriebsart im Gegenteil neuerdings in zunehmendem Maße bevorzugt. Es sei daran erinnert, daß auch das Kühlluftgebläse des Volkswagenmotors auf diese Weise, und zwar gemeinsam mit der Lichtmaschine betrieben wird. Allerdings kann dort durch das Warnsignal der Ladekontrollampe der Lichtmaschine ein Versagen des Antriebs nicht gut vom Fahrer übersehen werden. Es trifft im übrigen zu, daß ein solcher Riemenantrieb beträchtliche Beschleunigungs- und Verzögerungskräfte aufzunehmen hat, wenn die Motordrehzahl plötzlich wechselt. Die Kleinhaltung der Massenkräfte am Gebläselaufrad bildet daher die Voraussetzung für zuverlässigen Betrieb und damit für die Anwendung überhaupt. Als weitere Frage von Bedeutung erweist sich bei der Bauart nach Bild 35 die Sorge um eine ausreichende Isolierung des Vergasers gegenüber dem austretenden Warmluftstrom. Sie ist nach Bild 36 u. 37 beim Typ 87 inzwischen durch eine strenge Trennung der Räume mit kalter Frischluft und warmer Abluft behoben worden.

3. Volkswagen-Motor.

Einen besonderen Auftrieb hat der Gedanke der Luftkühlung in der Fachwelt durch den Motor des Volkswagens erhalten. Der Motor wird vom Volkswagen-Werk sowohl in den KdF-Wagen Typ 60 als auch in den leichten geländegängigen Heeres-Personenwagen eingebaut und bildet zusammen mit dem Wagentriebwerk ein geschlossenes Heckantriebs-Aggregat. Mit den 4 Zylindern von 70 mm Bohrung und 64 mm Hub in gegenüberliegender Anordnung (Boxer-Bauart) besitzt der Motor einen Gesamthubraum von 0,985 l, eine Dauerleistung von 23,5 PS bei 3000 U/min und ein Drehmoment von 6,45 mkg bei 2000 U/min. Seit März 1943 wird der Motor mit einer auf 75 mm vergrößerten Bohrung geliefert. Damit ist der Gesamt-Hubraum auf 1,13 l und die Dauerleistung auf 25 PS gestiegen. In beiden Fällen ist das Verdichtungsverhältnis 1 : 5,8 und die Zündfolge 1—4—3—2.

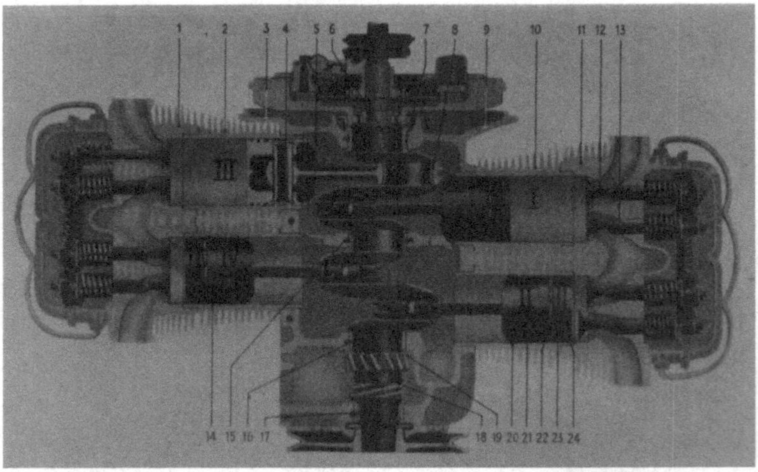

Bild 38. Volkswagen-Motor, wagerechter Längsschnitt

1 Zylinderkopf links	9 Rechtes Kurbelgehäuse	17 Viertes Kurbelwellenlager
2 Zylinder III	10 Zylinder I	18 Antriebsrad-Verteiler
3 Linkes Kurbelgehäuse	11 Zylinderkopf rechts	19 Antriebsrad-Nockenwelle
4 Kolbenbolzen	12 Auslaßventil	20 Zylinder II
5 Pleuel	13 Einlaßventil	21 Kolben
6 Kurbelwelle	14 Zylinder IV	22 Ölabstreifring
7 Erstes Kurbelwellenlager	15 Zweites Kurbelwellenlager	23 Dichtungsring gerade
8 Erstes Pleuellager	16 Drittes Kurbelwellenlager	24 Dichtungsring konisch

Bild 38 zeigt einen wagerechten Schnitt durch den Motor. Wie erkennbar, sind einzelstehende Zylinder (Grauguß) vorhanden, die paarweise einen gemeinsamen, abnehmbaren Zylinderkopf (Leichtmetall) besitzen. Durch die Kühlrippen wird bei dem Motor mit 70 mm Bohrung eine Kühlfläche von 10940 cm^2 erzielt, wovon auf den Zylinderkopf 8520 cm^2 entfallen.

Das Kurbelgehäuse ist in der senkrechten Mittelebene geteilt und bestand ursprünglich aus Leichtmetall. Zwischen den Gehäusehälften ist die geschmiedete Kurbelwelle in 4 Gleitlagern gelagert, von denen 3 als geschlossene Lager und das Mittellager als geteiltes Lager ausgebildet sind. Der Lagerwerkstoff ist, ebenso wie bei den Pleuellagern, Bleibronze.

Bei der Bauart der Kolben handelt es sich um Röhrenkolben aus Leichtmetall mit im Pleuel schwimmenden Bolzen und 3 Kolbenringen (2 Dichtungsringen und 1 Ölschlitzring).

Die 3-fach gelagerte Nockenwelle ist ebenfalls zwischen den Gehäusehälften, und zwar unter der Kurbelwelle angeordnet. Sie betätigt die im Kopf hängenden Ventile über Stösselstangen und Kipphebel.

Die Schmierung wird durch Druckumlauf mit Hilfe einer von der Nockenwelle angetriebenen Zahnrad-Ölpumpe bewirkt. Die Kraftstofförderung zum Fallstromvergaser erfolgt durch Membranpumpe.

Der Gesamtaufbau des Motors ist in Form einer Durchsicht aus Bild 39 zu ersehen. Auf diesem Bild erkennt man auch die Anordnung des über dem Kurbelgehäuse angeordneten Kühlluftgebläses. Der Antrieb des mit 16 rückwärtsgekrümmten Schaufeln ausgerüsteten Läufers erfolgt gemeinsam mit dem Antrieb der Lichtmaschine durch einen Riemenantrieb vom Kurbelwellenende aus. Hierbei trägt das in das Gebläsegehäuse hineinragende Ende der Lichtmaschinenwelle unmittelbar das Gebläselaufrad, das mit Hilfe besonderer Schaufeln, die auf seiner Rückseite angebracht sind, gleichzeitig für die Belüftung der Lichtmaschine sorgt.

Das Radialgebläse hat der Boxer-Bauart des Motors entsprechend 2 Luftaustritte zu den beiden Zylinderpaaren, deren Kühlrippen von der Seite her von der Kühlluft umströmt werden. Hinter den Zylindern wird die Kühlluft durch Führungskästen aus Blech nach dem hinteren Wagenende abgeleitet. Neben dem etwas aus der senkrechten Mittelebene des Motors versetzten Gebläselaufrad ist ein Röhrenkühler für die Ölkühlung in den Kühlluftstrom (linken Druckstutzen des Gebläses) gestellt. Er ist in Bild 39 mit seinem Rohrsystem angedeutet und liegt im Hauptstrom des Ölkreislaufs. Das Fassungsvermögen des Kurbelgehäuses beträgt 3 l Öl. Zur Kontrolle des Ölkreislaufs dient ein grünes Warnlicht an der Schalttafel des Wagens.

Das Gebläserad läuft mit doppelter Motordrehzahl und fördert lt. Fabrikangabe bei der höchsten Motordrehzahl von 3300 U/min in der Sekunde 500 l Kühlluft. Nach genaueren Messungen liegt diese Liefermenge bei der Höchstdrehzahl je nach der

Bild 39. Volkswagen-Motor, Durchsicht

1 Gebläsegehäuse
2 Ölkühler
3 Schwinghebel
4 Stößelstange
5 Nockenwelle
6 Steuerrad-Nockenwelle
7 Zahnrad-Ölpumpe
8 Gebläserad
9 Lichtmaschine
10 Keilriemen

Dichtheit der Gehäuse zwischen 420 und 460 l/s, so daß sich die maximale Kühlluftgeschwindigkeit an den Zylindern bei einer projizierten Luftdurchtrittsfläche von insgesamt 73,5 cm² und bei einer Schwankung des Übersetzungsverhältnisses zwischen Motor und Gebläse von ± 5% in den Grenzen von 55 und 65 m/s hält.

Das Gewicht des kompl. Motors beträgt in der Ausführung mit Leichtmetallgehäuse etwa 85 kg.

Bei ihrer hinreichend bekannten Bewährung im KdF-Wagen und besonders im Truppengebrauch stellt diese Motorkonstruktion ein besonders fortschrittliches Entwicklungsglied in der Reihe der luftgekühlten Personenwagenmotoren dar. Vermöge der sorgfältig durchgebildeten Kühlanlage ist der Motor aber auch für stationäre Verwendung bestens geeignet.

II. Lastwagen-Motoren.

1. Krupp.

Bei den luftgekühlten, obengesteuerten Lastwagenmotoren der Friedrich Krupp A.G., Essen, sticht als besonderes Merkmal die Anordnung von Längsrippen an den Laufzylindern und die Ausbildung der Zylinderköpfe als Rippen-Hohlkörper hervor. Die Anbringung einfacher gerader Längsrippen, deren Abstand hier 10 mm beträgt, stellt die dritte Ausführungsart unter den bis jetzt betrachteten obengesteuerten Motorzylindern dar (Franklin und VW-Motor: Querrippen, Tatra: kurvenförmige Rippen am Boxermotor). Der Weg der Kühlluft geht bei den Krupp-Motoren zunächst ähnlich wie bei Tatra alter Bauart vom Gebläse zu den unteren Zylinderschäften, wo die Verteilung auf den Zylinderumfang stattfindet, und von dort an den Längsrippen entlang durch die Hohlräume der kastenförmigen Zylinderköpfe hindurch nach außen. In Bild 40, das den bewährten 4-Zyl.-Boxer-Motor M 304 mit 3,3 l Hubraum im Schrägansicht darstellt, ist der Luftaustritt auf der Oberseite der Zylinderköpfe deutlich zu erkennen. Da die Köpfe des eingebauten Motors seitlich aus dem Fahrzeugrahmen

Bild 40. 4-Zyl.-Vergaser-Motor M 304 von Krupp

Bild 41. 5 Liter-8 Zyl.-Vergasermotor von Krupp (Vorläufer der Motortype M 313)

hinausragen, erfolgt das Ausblasen der Kühlluft unmittelbar in den Fahrwind, wobei die zusätzliche Umspülung durch die Frischluft noch zur Wärmeabfuhr beiträgt.

Die Abbildung vermittelt einen Eindruck von der flachen, gedrungenen Bauform, die mit einer gegenläufigen Maschine bei einer solchen Kühlluftführung erreichbar ist. Hierdurch wird die Verwendbarkeit des Motors für Spezialfahrzeuge (Gelände-Lastwagen) und als Unterflur-Motor begünstigt. Die an früherer Stelle erwähnte Lichtanlaß-Maschine (Siemens-Schuckert) sitzt unmittelbar vor dem Gebläse. Durch die Heranziehung des Gebläsegehäuses als Träger dieser schweren Maschine ist natürlich eine solide, gegossene Ausführung des Gehäuses erforderlich.

Über die Vollast-Temperaturen an dieser Zylinderkonstruktion gibt Bild 9 Auskunft. Dem Verwendungszweck als Lastwagenmotor entsprechend sind die Zylinder-Abmessungen größer und die Betriebswerte, vornehmlich die Drehzahl, niedriger als bei den vorbeschriebenen Bauarten.

Abmessungen: 4-90/130
Leistung: 54 PS max. bei n = 2500/min (16,3 PS/l)
50 PS dauernd bei n = 2500/min (15,1 PS/l)
Verdichtung: ε = 4,95.

Bild 42. 4-Zyl.-Diesel-Motor M 612 von Krupp

Mit genau derselben Zylinderbauart haben die Krupp-Werke ihren späteren 5 l-8 Zyl.-V-Motor mit zunächst 85 mm Bohrung und 110 mm Hub herausgebracht, der bei wiederum 2500 U/min Nenndrehzahl eine Leistung von 90 PS entwickelt. Der Vergleich dieses Motors nach Bild 41 mit dem Ausgangsmodell nach Bild 40 läßt die gleichartigen konstruktiven Grundsätze klar erkennen.

Beide Motoren wurden später im Hubvolumen vergrößert, der Boxermotor auf 100/130, der V-Motor auf 90/120. Mit dem auf 6,1 l vergrößerten Hubraum konnte die Spitzenleistung des V-Motors M 313 ohne Drehzahlerhöhung auf 120 PS, d. h. auf 19,7 PS/l gesteigert werden.

Angeregt durch die Erfolge mit den Vergasermotoren gingen die Krupp-Werke dazu über, die gewonnenen Erfahrungen auf luftgekühlte Dieselmotoren zu übertragen. Bild 42 gibt den neuesten Motor dieser Entwicklungsreihe wieder, und zwar den Vorkammer-Dieselmotor M 612, dessen weitgehende bauliche Übereinstimmung mit dem Vergasermotor nach Bild 40 keiner weiteren Erläuterung bedarf:

Abmessungen: 4-100/130 (V_H = 4,1 l)
Leistung: 55 PS bei n = 2200/min
Verdichtung: ε = 18.

Dieser Motor ist der erste luftgekühlte Fahrzeug-Dieselmotor, der zu serienmäßiger Lieferung gelangt ist. Einige allgemeine Fragen, die die Luftkühlung in Beziehung zum Dieselverfahren betreffen, werden noch kurz behandelt werden.

Die Firma Krupp hat seit Beginn ihrer Entwicklungsarbeit im Jahre 1930 an ihrer in vielen Einzelheiten bemerkenswerten Lösung des Kühlungsproblems festgehalten. Der auffallendste Eindruck aller Krupp-Motoren ist die bauliche Geschlossenheit, die sich aus der Kühlluftführung ergibt und noch stärker in Erscheinung tritt als z. B. am 8-Zyl.-Tatra-Motor. Unter Verzicht auf einfache Blechverkleidungen und sonstige billige Hilfsmittel ist bei diesen Motoren schon äußerlich die konstruktive Reife betont, auf die sich ihre Leistungsfähigkeit und Ausdauer im Betrieb gründen.

Wie der Konstrukteur aus der Zylinderbauart von Krupp lernen kann, darf die Kühlluft für die Kühlung des Zylinderkopfes bereits durch die Wärmeaufnahme am Laufzylinder stark vorgewärmt sein, sofern nur der Leichtmetallkopf zum Ausgleich eine genügend vergrößerte Kühlfläche erhält und sofern es vor allem gelingt, die kritische Stelle zwischen den Ventilen von Wärmestauungen zu befreien. Die Wärmeableitung aus den Ventilsitzen zum Leichtmetall erfolgt dabei durch eine eingegossene, nach Bild 9 gut verankerte Brille aus Spezialbronze. Diese kostspielige Bauweise ist, wie erwähnt, an hochbeanspruchten Motoren mit Luftkühlung, deren Ventile im Leichtmetall arbeiten, notwendig, wenn einfache Ventilsitzringe versagen.

Zahlentafel 5: Entwicklung der Phänomen-Motoren seit 1926.

4 Zylinder-Reihen-Motor	Entwicklungsjahr	Verwendung für Lastwagen mit Nutzlast in	Hubraum	Bohrung und Hub	Hubverhältnis	Drehzahl	Verdichtung	Prüfstandsleistung	Literleistung	Mittlerer Nutzdruck bei $N_{e max}$	Spezif. Verbrauch	Max. Drehmoment
			V_H	d, s	s/d	n	ε	$N_{e max}$	N_e/V_H	p_m	b	Md_{max}
Type		t	l	mm		U/min		PS	PS/l	kg/cm²	g/PS h	mkg
4 R L	1926	3/4	1,55	74/90	1,22	2200	4,7	16	10,3	4,2	390	6
Granit 25	1930	1,5	2,5	85/110	1,29	2500	5,3	38	15,2	5,5	290	13,5
Granit 30	1934	2,3	3,05	90/120	1,33	2800	5,3	52	17,2	5,5	300	18
Granit 27	1939	1,5	2,7	85/118	1,39	2800	5,3	51	18,9	6,0	255	16,3

2. Phänomen:

Einen wesentlich anderen Zuschnitt auf ihren ausschließlichen Zweck als Lastwagen-Motoren und als Stationär-Motoren zeigen die Typen der Phänomenwerke Gustav Hiller A.G., Zittau. Diese Firma zählt wie Franklin in U.S.A. zu den ältesten Vorkämpfern der Luftkühlung und hat, ausgehend von den Anfangserfahrungen an dem kleinen, von 1913 bis 1925 für den Antrieb eines Dreiradfahrzeugs fabrizierten Phänomobil-Motor mit ihren heutigen bewährten „Granit"-Motoren eine Bauart entwickelt, die den höchsten Anforderungen an Zuverlässigkeit und Wirtschaftlichkeit gerecht wird.

Durch die Verwendung stehender Ventile nimmt die Phänomen-Bauart unter den heute im Verkehr befindlichen luftgekühlten Wagenmotoren eine Sonderstellung ein. Zweifellos kommen die Vorteile der Luftkühlung für ein Nutzfahrzeug um so stärker zur Geltung, je mehr auch der übrige Aufbau des Motors auf die im Transportwesen entscheidenden Gebrauchseigenschaften abgestellt ist. Neben der selbstverständlichen Voraussetzung eines zuverlässigen und wirtschaftlichen Betriebes stehen die Forderungen nach geringen Herstellungskosten, einfacher Wartung, leichter Überholung und billiger Instandsetzung im Vordergrund. Dies bedingt die Anwendung möglichst einfacher baulicher Mittel und es ist keine Frage, daß mit der seitlichen Steuerung ein unübertroffen einfacher Gesamtaufbau des Motors erzielbar ist.

Daß der untengesteuerte, gußeiserne Zylinder in bezug auf Temperaturverteilung, Wärmespannungen usw. besondere konstruktive Sorgfalt und Erfahrung beansprucht, wurde mehrfach hervorgehoben. Wenn aber, wie bei den Phänomen-Motoren, die Forderung nach einer in allen Betriebslagen einwandfreien Kühlung und nach einer möglichst großen Sparsamkeit im Betriebsstoffverbrauch im ganzen Drehzahlbereich erfüllt ist, so ist diese Bauart trotz ihrer minder hohen Leistungswerte den obengesteuerten Motoren in der Summe der Eigenschaften, die den Gebrauchswert bestimmen, mindestens ebenbürtig.

Die Betriebswerte der in den letzten 18 Jahren von den Phänomen-Werken entwickelten Typen sind in Zahlentafel 5 zusammengestellt. Bemerkenswert ist die stetige Zunahme des Hubverhältnisses und der Hubraumleistung bei gleichzeitiger Senkung des spezifischen Brennstoffverbrauchs. Der Normverbrauch liegt bei den in einer Stückzahl von über 10000 gebauten 1,5 t-Lastwagenmotoren „Granit 25" unter 14 l/100 km. Der Schmierölverbrauch der Granitmotoren beträgt bei normalem Betriebszustand

Bild 43. Phänomen-Motor „Granit 30“ mit angeblocktem Vierganggetriebe

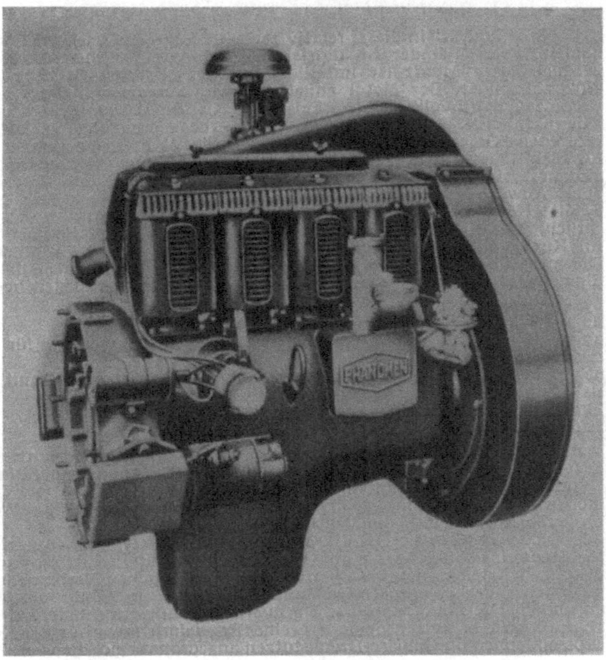

Bild 44. Phänomen-Motor „Granit 27“, Kühlluftaustrittsseite

Bild 45. Phänomen-Motor „Granit 27", Steuerungsseite

0,25 bis 0,3 l/100 km und ist in dieser relativ geringen Höhe ein Zeichen für einwandfreies Rundbleiben der Zylinder im Betrieb und für die Dichtheit der Kolben.

Als Beispiel dieser Bauart ist im Bild 43 das kompl. Motor-Getriebe-Aggregat „Granit 30" abgebildet. Der Motor ähnelt seinem Vorgänger „Granit 25" bis auf wenige Einzelheiten vollkommen. Leistung, Kolbengeschwindigkeit und Verdichtung bewegen sich in den durch die Dauerbeanspruchung im Lastwagenbetrieb gezogenen Grenzen. Die Kurbelwelle ist in Wälzlagern gelagert. Diese an und für sich teure Lagerung steigert den mechanischen Wirkungsgrad und die Lebensdauer, sie vereinfacht die Schmierung, erleichtert das Anlassen und schaltet bei Anwendung richtiger Toleranzen Lagerschwierigkeiten praktisch ganz aus. Mit Rücksicht auf die ausströmende Kühlluft sind, wie aus dem Bild ersichtlich, Vergaser, Luftfilter (mit Abschirmglocke) und Brennstoffpumpe seitlich am Kurbelgehäuse angeordnet. Auch der von der warmen Kühlluft beaufschlagte Thermostat für die Kühlluftregelung ist deutlich erkennbar. Im übrigen geht die Einfachheit des konstruktiven Aufbaus aus folgenden Merkmalen hervor:

- 4 Zyl.-Reihenbauart,
- Grauguß-Zylinder mit quergerichtetem Kühlluftstrom,
- Grauguß-Kurbelgehäuse in Tunnelbauart als steifes Fundament für die einzelstehenden Zylinder,
- abnehmbare Zylinderköpfe aus Leichtmetall, bei den älteren „Granit"-Typen als Rippen-Hohlkörper ausgebildet,
- direkt von der Kurbelwelle angetriebenes Kühlluftgebläse,
- Luftführungskasten aus Eisenblech.

An weiteren Einzelheiten ist erwähnenswert, daß der Nockenwellenantrieb durch Steuerkette (geräuschlose Rollenkette) erfolgt und daß die Schmierung der Pleuellager als Tauchschmierung mit Ölzufuhr durch Zahnradpumpe ausgebildet ist. Die Verwendung hochwertiger Baustoffe ist auf ein Mindestmaß beschränkt. Zur Milderung der Betriebsgeräusche arbeiten die Ventilstößel unter Öl.

Über das neueste Modell „Granit 27" geben Bild 44 (Kühlluft-Austrittsseite) und Bild 45 (Steuerungsseite) Aufschluß. Die nach Zahlentafel 5 erzielte Steigerung der Literleistung bei gleichzeitiger Verbesserung des spezifischen Verbrauchs ist das Ergebnis zahlreicher Verbesserungsmaßnahmen, an denen die kühltechnischen Verbesserungen und die Verminderung der Eigenverluste maßgebend beteiligt sind. Zu diesen Verbesserungen gehört insbesondere eine Regeleinrichtung für die Kühl luft, bei der 2 Drosselklappen im Gebläse-Druckstutzen angeordnet sind, die nach Maßgabe der Gaszufuhr selbsttätig durch den Fahrer bzw. nach Maßgabe der Motor-Erwärmung selbsttätig durch einen Thermostaten gesteuert werden. Diese Einrichtung hat sich im praktischen Fahrbetrieb als unentbehrlich erwiesen und bestens bewährt (Bild 6).

Der Ölinhalt des Kurbelgehäuses, dessen aus Bild 44 und 45 ersichtliche untere Form durch die Verwendung dieses Motors in allradangetriebenen LKW bestimmt ist, beträgt 7 Liter. Ein Ölkühler ist, wie Versuche erwiesen haben, auch unter tropischen Betriebsverhältnissen nicht erforderlich.

Vergleicht man den bei der Spitzenleistung vorhandenen mittleren Nutzdruck

$$p_m = \frac{900 \cdot N_{e_{max}}}{V_H \cdot n}$$

nach Zahlentafel 5 mit dem Mitteldruck, der sich bei den obengesteuerten luftgekühlten Motoren gleichen Entwicklungsstandes errechnet, so ergibt sich im Durchschnitt ein Unterschied von etwa 10% zuungunsten der untengesteuerten Bauart. Dieser Unterschied entspricht der auch bei wassergekühlten Motoren üblichen Bewertung beider Bauarten und ist für den untengesteuerten Motor in Anbetracht des günstigen Brennstoffverbrauchs und der baulichen Vereinfachung durchaus tragbar, besonders da auch

Bild 46. 4,1 Liter-Phänomen-Dieselmotor, Schrägansicht der Einspritzpumpenseite

die Einbauabmessungen und das Leistungsgewicht im Vergleich mit dem obengesteuerten Motor günstig abschneiden. Im Falle des Motors „Granit 27" beträgt das Leistungsgewicht 5,1 kg/PS. Dieser Wert versteht sich für den kompl. ausgerüsteten, betriebsfertigen Motor mit Graugußgehäuse, Wälzlagerung und Gebläse bei der Spitzenleistung von 51 PS und liegt innerhalb der Grenzen, die bei wassergekühlten Otto-Motoren für Lastwagen ohne Berücksichtigung des Kühlers üblich sind (4,5 bis 6,5 kgPS).

Als Herstellerwerk luftgekühlter Lastwagenmotoren haben die Phänomen-Werke bereits vor der Typenregelung in der Kraftfahrzeug-Industrie einen Dieselmotor entwickelt, und zwar einen Vierzyl.-Wirbelkammermotor in Reihenbauart, der mit einer Bohrung von 95 mm und einem Hub von 145 mm dasselbe Hubvolumen erreicht wie der Krupp M 612, nämlich 4,1 l. Die Dauerleistung beträgt 56 PS bei $n = 2200$/min, die Kurzleistung an der Rauchgrenze 60 PS bei der gleichen Drehzahl. Die in 5 Gleitlagern gelagerte Kurbelwelle trägt am vorderen Ende das Gebläseaufrad (Trommelläufer mit vorwärts gekrümmten Schaufeln). Bild 46 stellt eine Schrägansicht der Einspritzpumpenseite dar und zeigt in bezug auf die Gebläseanordnung und Kühlluftführung die gleichen konstruktiven Grundsätze wie die untengesteuerten Otto-Motoren der Bauart „Granit" nach den voraufgehenden Bildern. Mit der von den älteren „Granit"-Motoren übernommenen Leitblechanordnung in der Kühlluftführung zu den Zylindern hat sich das Kühlsystem auch bei diesem Motortyp in bezug auf gleichmäßige Kühlluftbelieferung der Zylinder voll bewährt.

Durch die Typenregelung in der Kraftfahrzeug-Industrie kam dieser Motor s. Zt. nicht zur serienmäßigen Fabrikation. Nach dem heutigen Erfahrungsstand kann er als Übergangsbauart zu dem in den folgenden Bildern dargestellten Diesel-Motortyp der Phänomen-Werke gelten.

Die Bilder 47 und 48 zeigen den neuesten, luftgekühlten Diesel-Motor dieser Firma von der Steuerungsseite und von der Gebläseseite. Dieser Motor ist als Glied einer Entwicklung zu betrachten, die in einem Aufsatz von Oberreg. Baurat Dipl.-Ing. Augustin in der Fachliteratur[88]) beschrieben ist.

Wiederum handelt es sich um einen Vierzyl.-Reihenmotor, der nach einem Wirbelkammerverfahren arbeitet. Bei einem Einzelzylinder-Hubraum von 0,8 l/Zyl. mit 90 mm Bohrung und 125 mm Hub besitzt der Motor ein Gesamthubvolumen von 3,2 l und erreicht in bezug auf Leistung und Drehzahl dieselben Werte wie der Otto-Motor „Granit 27" nach Zahlentafel 5. Auch das Drehmoment des Motors ist mit 16 mkg genau auf das Drehmoment des Otto-Motors „Granit 27" abgestimmt und

Bild 47. 3,2-Liter-Phänomen-Dieselmotor, Steuerungsseite

weist nur im Linienverlauf einen gewissen, im Dieselverfahren begründeten Unterschied auf. Mit diesen Leistungsdaten und den konstruktiv eingehaltenen Einbauabmessungen ist dieser Motor gegen den Otto-Motor „Granit 27" sowohl im Fahrzuge als auch in den stationären Verwendungsfällen austauschbar.

Mit Rücksicht auf die Austauschfähigkeit wurde bei diesem Phänomen-Motortyp erstmalig von dem direkt angetriebenen Kühlluftgebläse auf dem vorderen Kurbelwellenende abgegangen und eine Anordnung gewählt, bei der zwei seitlich neben den Zylindern auf gemeinsamer Antriebswelle sitzende Doppelgebläse mit 230 ∅ von einem Doppelriemen angetrieben werden. Die Bauart wurde vorher gemeinsam mit dem angewandten Dieselverfahren an einem Einzyl.-Versuchsmotor eingehend erprobt und dann für den Reihenmotor übernommen.

Die Betriebsdaten jedes einzelnen Gebläserades sind aus Bild 23 ersichtlich. Das Gewicht des kompl. ausgerüsteten, betriebsfertigen Motors beträgt 360 kg, so daß

[88]) Augustin: „Luft- oder wassergekühlte Motoren", ATZ, Jahrg. 46, Heft 19/20, Okt. 1943.

ein Leistungsgewicht von weniger als 7 kg/PS, bezogen auf rauchfreien Dauerbetrieb, erreicht wird. Damit ist der Motor um rund 100 kg schwerer als der mit ihm austauschbare Otto-Motor „Granit 27".

Die bekannte Regel, wonach ein Diesel-Motor bei gleicher Drehzahl gegenüber einem gleichstarken Otto-Motor etwa 20% mehr Hubraum benötigt und um etwa $^{1}/_{3}$ schwerer ist, findet mit diesem Baumuster ihre Bestätigung.

Bild 48. 3,2-Liter-Phänomen-Dieselmotor, Gebläseseite

Grundsätzlich ist über die Luftkühlung von Dieselmotoren noch folgendes zu sagen:

Selbst in Fachkreisen wird zuweilen die Meinung vertreten, daß der Dieselmotor infolge seines besseren thermischen Wirkungsgrades und seiner kleineren Literleistung für die Anwendung der Luftkühlung günstigere Voraussetzungen bietet als der Otto-Motor. In Wirklichkeit ist das Gegenteil der Fall. Die einzige günstigere Vorbedingung von Belang ist das größere Hubverhältnis. Der kleineren Literleistung steht der größere Einzelzylinderinhalt gegenüber und man ersieht aus Bild 2 an den Beispielen l und m, daß die Literleistung dem auch bei Vergasermotoren für diese Zylindergröße zu erwartenden Durchschnitt entspricht.

Was den höheren thermischen Wirkungsgrad, also die Verringerung der Wärmeverluste betrifft, so wirkt sich diese nach Abschnitt A leider in nur geringfügigem Maße auf die Wärmeabgabe der Zylinder an das Kühlmittel aus, dafür aber um so mehr auf die Wärmeenergie der Auspuffgase (Senkung der Abgastemperatur auf 500—600° C). Dies bedeutet daher lediglich eine Erleichterung in der Kühlung der Auslaßstutzen.

Alle übrigen Unterschiede des Dieselmotors gegenüber dem Otto-Motor gestalten die Verhältnisse für die Luftkühlung ungünstiger. Zunächst die Drehzahl: die teils durch den Verbrennungsvorgang, teils durch die Kolbengeschwindigkeit (Hubverhältnis!) erforderliche Beschränkung hat naturgemäß entsprechende Ausmaße des Gebläses zur Folge, falls man nicht einen übersetzten Antrieb vorzieht wie in Bild 47/48. Bei kleineren Motoren bis zu 3 l Hubraum (0,75 l/Zyl.) liegen allerdings, aber nur in dieser Beziehung, weit weniger Schwierigkeiten vor.

Ferner bedarf es im allgemeinen einer sehr sorgfältigen Prüfung der Möglichkeiten zur Schaffung genügend großer Kühlluftquerschnitte am Zylinderkopf. Außer den Ventilkammern und Kanälen stehen auch die Einspritzdüse und gegebenenfalls die Vorkammer oder Wirbelkammer dem Luftstrom im Wege, so daß die Kühlung der gefährdeten Stellen bei den hohen Arbeitstemperaturen des Dieselmotors nicht bei allen Brennsystemen einwandfrei gelingt. Die durch das Verfahren bedingte Anordnung bzw. Gestaltung des Brennraumes ist für die erfolgreiche Anwendung der Luftkühlung ausschlaggebend.

Bei Zustandekommen einer anordnungsmäßig befriedigenden Lösung mit ausreichenden Kühlluftquerschnitten am Zylinderkopf kann es eintreten, daß der gußeiserne Laufzylinder und der Kolben der Kühlung mehr Schwierigkeiten bereiten als der Zylinderkopf, aus dem einfachen Grunde, weil die den Brenngasen ausgesetzte Fläche o_I im Laufzylinder (halbe Hubraumwand $o_H/2 +$ Kolbenboden o_K) beim Dieselmotor in weit größerem Verhältnis zur Brennraumfläche o_C steht als beim Ottomotor. Es läßt sich an Hand von Abschnitt D II für den vereinfachten, der direkten Einspritzung ähnlichen Fall leicht nachrechnen, daß sich diese Wärmeübergangsflächen (Ventilteller eingerechnet) bei einem Otto-Motor mit $\varepsilon = 5$ und $z = s/d = 1{,}3$ ungefähr wie 1,5 : 1 verhalten, bei einem Dieselmotor mit $\varepsilon = 17$ und $z = 1{,}5$ dagegen wie 2,9 : 1. Dadurch verlagert sich meistens der Schwerpunkt der Kühlungsfrage trotz der obengesteuerten Zylinderbauart des Dieselmotors auf den oberen Teil des Laufzylinders, auf seine Verbindung mit dem Zylinderkopf und auf die Wärmeabfuhr aus dem Kolben. Unter ungünstigen Umständen kann eine durch den Temperaturzustand bedingte Vergrößerung des Kolbenspiels sogar eine Heraufsetzung des Verdichtungsgrades erforderlich machen, falls sich Anlaßschwierigketien bei kalter Maschine herausstellen.